用铸铁锅
做好吃的料理

〔日〕今泉久美 著　阳希 译

南海出版公司

铸铁锅具有卓越的导热和保温性能。用中火和小火就能充分预热整个锅体，使食材均匀受热。将 1/4 杯水倒入锅中，放入 4 只鸡蛋（常温），然后盖上锅盖、留一点缝隙，开火加热。煮沸后盖严锅盖，小火煮 5 ～ 6 分钟后关火。这时捞出鸡蛋，正好是溏心蛋；继续静置 10 分钟，则是全熟蛋。用最短的加热时间，再利用锅体余热焖熟食物，节约能源、经济实惠。

用铸铁锅，半杯水就可以做白煮蛋

| 白煮蛋 | 溏心蛋 | 煮沸后，转小火煮 **5 ～ 6** 分钟 | | |
| | 全熟蛋 | 煮沸后，转小火煮 **5 ～ 6** 分钟 | | 静置时间 **10** 分钟 |

适用直径 20 厘米的圆形锅

溏心蛋

全熟蛋

冷藏的鸡蛋恢复常温后，用刀尖在鸡蛋较大的一端轻轻磕一个小洞，或用针扎一个小孔，这样煮好后蛋黄不会变硬，蛋壳也更容易剥离。请根据鸡蛋的大小、数量与温度，灵活调整加热时间、增减水量。请注意，如果锅中的水煮干了，蛋壳会变得焦煳。

拥有密闭性良好的锅盖是铸铁锅的一大特点，锅盖内侧均匀分布着凸起的圆形聚水点。烹饪时，水蒸气上升，在聚水点处凝结成水滴，均匀滴落在锅内。这一过程不断循环，锅中的水分不会流失，保留了食材的原汁原味；同时，这也能加快烹饪速度，保持食材的鲜嫩口感。试做一道日式什锦烧鸡肉吧，鸡肉炒熟后加入莲藕、香菇翻炒，用少量高汤和适量调味料调味，中火煮沸后转小火继续焖煮。锅内的水和蒸汽对流循环，很快就能炖出鲜美多汁的鸡肉。

用铸铁锅，只需少量汤汁就能快速做出美味的炖菜

日式什锦烧鸡肉 | 加热时间 **15 ～ 17** 分钟

原料：4 人份　适用直径 24 厘米的圆形锅

去骨鸡腿肉（切成大块）

　…………………………2 块（500 克）

A ┌ 酒……………………………… 1 大勺
　└ 酱油、味醂① ………………… 各 2 小勺

莲藕（另备少许醋）…2 小段（300 克）

干香菇（泡发备用）………………… 4 朵

B ┌ 泡发干香菇的水………………… 1 大勺
　│ 日式高汤（参考第 51 页）… 1/3 杯
　└ 酒、糖、酱油…………………… 各 2 大勺

油 ………………………………………… 1 大勺

荷兰豆（煮熟，对半切开）……… 适量

1　把香菇切成大块，泡发干香菇的水留下备用。

2　在鸡腿肉中淋上 A 拌匀，莲藕去皮切块，浸泡在加了醋的水中防止变色。

3　锅中倒入油，中大火加热，放入鸡块翻炒至变色。依次加入控干的莲藕与香菇，继续翻炒。加入 B，煮沸后翻拌一下，盖上锅盖，转中小火焖煮10 ～ 12 分钟。其间翻拌一下。

4　揭开锅盖，转大火煮至收汁。盛入餐盘中，装饰上荷兰豆即可。

①类似米酒的调味品，味道甘甜且富含酒香，能去除食物的腥味。

铸铁锅的锅盖比较厚重，有类似压力锅的作用，能煮出非常美味的米饭。根据锅的大小加入适量大米和水，同时注意火候，便不会溢锅。铸铁锅导热均匀，煮出的米饭口感松软有弹性，比用其他类型的锅煮得更好吃。此外，它的保温功能可以让米饭长时间保持温热。锅的内壁有一层黑色雾面珐琅 *，米粒不容易粘锅，清洗起来轻松便捷。

* 将玻璃瓷釉薄薄地喷在锅壁上，在 800℃的高温环境中反复烧制 3 次而成。在这个过程中，珐琅表面形成无数微孔，能有效吸收食物中的油脂、减少锅体与食物的接触面积，因此食物不易粘黏。

用铸铁锅，煮出的米饭松软有弹性，而且不粘锅

白米饭 | 加热时间 **15** 分钟 ▶ 静置时间 **10** 分钟

原料　适用直径 20 ～ 22 厘米的圆形锅

大米……………………3 合（540 毫升）

水………………………3 杯（600 毫升）

1 大米洗净沥干，静置 30 分钟后倒入锅中。加水，半掩锅盖，用中大火烹煮。

2 煮沸后盖严锅盖（a），继续煮 1 分钟后转小火煮 10 分钟（b）。关火，焖 10 分钟后（c）用木铲翻拌一下即可盛出。

大米用量参考

● 直径 20 厘米的圆形锅　2 ～ 3 合

● 直径 22 厘米的圆形锅　3 ～ 4 合

● 直径 24 厘米的圆形锅　4 ～ 5 合

CONTENTS

关于本书
- 本书中的盐均为天然盐，糖用的是上白糖，黄油为含盐黄油，奶油用的是动物性鲜奶油。
- 本书中标注的油用的是色拉油，可根据个人喜好选择其他油品。
- 1杯=200毫升，1合=180毫升(1合大米约150克)，1大勺=15毫升，1小勺=5毫升。
- "加热时间"指的是在燃气炉或其他明火炉上加热的时间(不包括焯水等使用其他锅具烹饪的时间)。如果用的是电磁炉，请酌情调整用时。"静置时间"指的是关火后盖好锅盖，利用锅的余热焖制的时间。

焖煮

我最喜欢用铸铁锅做煮菜或炖菜，在煮制过程中，食材本身的水分或汤汁会变成水蒸气在锅内循环，牢牢锁住食材的鲜美。下面为大家介绍一些只需短时间加热、关火后可以利用余热焖制完成的料理。

豉香排骨 | 加热时间 **30** 分钟 ▶ 静置时间 **10 ~ 20** 分钟

选用肉较多的中段排骨，炖熟后焖一段时间，肉质变得更软嫩，很容易剥离。
加入豆豉，炖出的排骨鲜美多汁。

原料：4 ~ 6 人份

适用直径 24 厘米的圆形锅

猪排骨（剁成方便食用的小段）

.... 800 克

A ┌ 盐 .... 1/4 小勺
  └ 黑胡椒碎 .... 少许

B ┌ 酱油、豆豉（切碎）… 各 1½ 大勺
  │ 绍兴酒 .... 2 大勺
  │ 酒 .... 1/3 杯
  │ 蚝油、糖 .... 各 1/2 大勺
  │ 大蒜（切碎） .... 1 瓣
  │ 生姜（切碎） .... 2 大勺
  │ 红辣椒（切圈） .... 少许
  └ 土豆淀粉 .... 1 小勺

油菜 .... 2 棵
盐 .... 少许
油 .... 1 小勺

1 猪排骨焯水去腥，擦干（a）。撒上 A 拌匀，腌 10 分钟。

2 将油菜的茎和叶切开，菜茎纵向剖成 4 瓣。锅中倒入油加热，放入油菜茎翻炒出香味。加入 2 大勺水，撒少许盐，盖上锅盖焖煮 2 分钟。放入菜叶，稍微焖一下。盛出油菜，倒掉锅中的水。

3 一次性将 B 倒入 **1** 中，拌匀（b）后倒入 **2** 的锅中，中火煮沸。将锅中的食材翻拌均匀，盖上锅盖，转小火煮 20 分钟后关火。焖 10 ~ 20 分钟，撇去浮油（c）。

4 把 **3** 翻拌一下，开火煮至收汁。放入 **2** 的油菜加热一下，盛入餐盘中。

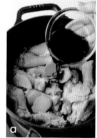

醋烧鸡翅鸡蛋 加热时间 **25** 分钟 ▶ 静置时间 **10** 分钟

铸铁锅的珐琅内壁抗酸防腐蚀，可以放心地用它做醋味菜品。
醋可以软化鸡肉，同时能凸显出大蒜和生姜的风味。

原料：4 人份

适用直径 22 厘米的圆形锅

鸡翅根·········· 12 根（600 ~ 700 克）

A ┌─ 大蒜（切成薄片）············ 1 瓣
　├─ 生姜（切成薄片）············ 1 小块
　├─ 醋、酱油、酒············ 各 3 大勺
　└─ 糖············ 2 大勺

白煮蛋································ 6 个

1 鸡翅根焯水去腥，洗净控干。

2 将 **1** 放入锅中，淋入 A（a），开中大火烹煮。

3 煮沸后盖上锅盖，转小火煮约 15 分钟，其间不时翻拌一下。

4 加入白煮蛋（b），煮 5 分钟后翻拌一下，盖上锅盖，关火静置 10 分钟。

5 可根据个人喜好再次开火煮至收汁。将白煮蛋对半切开，即可盛盘。

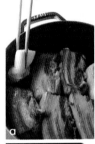

红烧肉 | 加热时间约 **2** 小时 ▶ 静置时间 **40** 分钟

用铸铁锅做这道菜，能将普通锅所需的4小时烹饪时间缩短约一半。
大块猪肉炖得鲜美多汁，口感绵软。请选用脂肪较少的五花肉来做这道菜。

原料：便于制作的用量

适用直径 24 厘米的圆形锅

无皮五花肉（切成大小均匀的 6 ~ 8 块）
·············· 1 ~ 1.2 千克

A ┌ 酒、水、日式高汤········· 各 1 杯
　└ 生姜（切成薄片）············· 3 片

糖·················· 5 大勺

酱油················ 6 大勺

油·················· 1 小勺

黄芥末················ 适量

1 锅中倒入油加热，放入五花肉煎至出油。一边用厨房纸吸去多余油脂（a），一边将五花肉煎至两面金黄。

2 加入刚好没过五花肉的水，煮沸后盛出五花肉，倒掉水。

3 把五花肉放回锅中，倒入 A 煮沸。盖上锅盖，转小火煮 1 小时 30 分钟。

4 关火静置 20 分钟，撇去浮油。

5 加入糖，盖上锅盖，用小火煮 10 分钟。加入酱油，煮沸后盖上锅盖，焖煮 10 分钟。关火静置 20 分钟（b），撇去浮油。

6 盛入盘中，加些黄芥末即可。

＊剩余的汤汁可以用来焖煮土豆、白萝卜或鸡蛋。

＊在第 5 步也可以晾至冷却，捞出凝固的油脂另作他用。

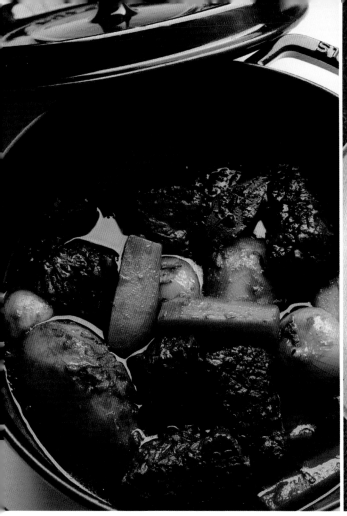

法式红酒炖牛肉

加热时间 **2** 小时 **30** 分钟～**3** 小时 ▶ 静置时间 **30** 分钟

先将牛肉和蔬菜炒香，再倒入红葡萄酒炖煮。
这就是美味的秘诀。

原料：4 人份

适用直径 24 厘米的圆形锅

五花牛肉（切成大小均匀的 8～12 块）
················· 600 克

A ⌈ 盐 ·········· 1 小勺
  │ 黑胡椒碎 ········ 少许
  └ 面粉 ·········· 1 大勺

土豆（去皮）·········· 4 个

珍珠洋葱（去皮）········ 12 颗

胡萝卜（切段后再纵向切成 4 块）
················· 1 根

B ⌈ 洋葱（大个儿的，切碎）··· 1/2 颗
  │ 胡萝卜（切碎）··· 3 厘米长的 1 段
  │ 芹菜茎（切碎）··· 5 厘米长的 1 段
  └ 大蒜（切碎）········ 1 瓣

红葡萄酒··········· 1/2 瓶（360 毫升）

C ⌈ 番茄汁（含盐）···· 2 罐（每罐 190 克）
  │ 月桂叶 ·········· 1 片
  │ 水 ············ 2 杯
  │ 盐 ············ 1/3 小勺
  │ 番茄酱 ·········· 2 大勺
  └ 英国辣酱油① ······· 1 小勺

油、黄油·········· 各 1 大勺

盐、胡椒粉········· 各少许

蜂蜜 ··········· 1～2 小勺

1 将 A 撒在牛肉上，拌匀。锅中倒入油加热，放入牛肉煎至表面焦黄。加入黄油和 B，翻炒均匀。调至中小火，盖上锅盖焖炒☆。打开锅盖，倒入红葡萄酒翻拌均匀，中大火煮至汤汁减少一半。

2 加入 C，边煮边撇浮沫。盖上锅盖小火炖 1 小时 30 分钟～2 小时，其间不时翻拌一下。关火，静置 20 分钟。

3 加入土豆、珍珠洋葱和胡萝卜，煮沸后盖上锅盖，小火焖煮约 30 分钟，其间不时翻拌一下，以免煳锅。煮至蔬菜变透明、变软，关火静置 10 分钟。再次开小火加热，撒适量盐和胡椒粉，淋上蜂蜜调味即可。

☆焖炒方法请参考第 55 页

① Worcestershire sauce，一种英国调味酱油，色泽黑褐，味道酸甜微辣。

秋葵咖喱鸡肉饭 | 加热时间 **35** 分钟 ▶ 静置时间 **20** 分钟

只需将鸡腿肉用咖喱粉和酸奶腌好，就可以轻松完成的一道快手菜。
可选择个人喜爱的时蔬，不限于秋葵。

原料：4 人份
适用直径 24 厘米的圆形锅

鸡腿（切成大块）············· 600 克		
腌料	盐 ·············略多于 1 小勺	
	胡椒粉 ····················· 少许	
A	洋葱（磨成泥）·········· 1/2 颗	
	生姜（磨成泥）·········· 1 小块	
	大蒜（磨成泥）············· 1 瓣	
B	咖喱粉、红辣椒粉·······各 1 大勺	
	番茄酱 ···················· 2 大勺	
	原味酸奶 ················ 300 克	

洋葱（切碎）··················· 1½ 颗
咖喱粉······················· 1 大勺
盐························· 1/2 小勺
油··························· 1½ 大勺
秋葵（抹上盐搓去绒毛、洗净去蒂）
················· 1 ～ 2 包（每包约 10 根）

C	味醂······················ 1 大勺	
	咖喱粉、印度综合香辛料①	
	····················· 各少许	
	盐······················· 少许	
	生姜（磨成泥）·········· 1 小块	

白米饭（温热）、杏仁片（烤香）
························· 各适量

1 将切好的鸡腿肉放入料理碗中，加入腌料拌匀。依次加入 A、B 拌匀，室温下静置 30 分钟，或者放入冰箱冷藏半天，腌制入味。

2 锅中倒入油开火加热，焖炒☆洋葱碎。加入咖喱粉，简单翻炒一下。将鸡腿肉连同腌渍用的调味汁一起倒入锅中，加入 1½ 杯水、撒上盐，煮沸。

3 盖上锅盖，转小火焖煮约 20 分钟，其间不时翻拌一下。关火静置 20 分钟。

4 加入秋葵，开火煮熟后用 C 调味。在温热的白米饭上撒上烤过的杏仁片，盛上秋葵咖喱鸡肉即可享用。

☆焖炒方法请参考第 55 页

① grama masala，一种以丁香、小豆蔻、肉桂为主料的混合香辛料，味道辛辣微甜，香气馥郁，常用于印度菜肴中。

1 白萝卜去皮切成 4 厘米厚的圆块，削圆棱角，在两个圆形切面上轻轻划出十字，方便入味。锅中倒入油开火加热，将白萝卜码放在锅中，盖上锅盖，转小火每面煎 10 分钟（a）。倒入刚好没过白萝卜的水，煮沸后捞出白萝卜，倒掉水。

2 海带用 2 杯水泡软，切成宽度均匀的 3～4 条，每条打 2 个结，然后对半切开。泡海带的水留下备用。在魔芋表面划出网格，切成三角形。

3 将白萝卜、海带结、泡海带的水倒入锅中，加入 A 煮沸。

4 将 B 拌匀，分成 4 等份，分别做成鸡肉丸，放入 **3** 中（b）。盖上锅盖，转小火煮 6 分钟。

5 捞出鸡肉丸，加入魔芋和木鱼花高汤袋（c）。小火炖 20～30 分钟，中途取出高汤袋，继续煮至白萝卜变软。

6 加入白煮蛋、竹轮和鸡肉丸，撒少许盐调味，煮沸后盖上锅盖，关火焖 20 分钟。根据个人口味用适量葱花和柚子胡椒 * 调味。

＊可根据白萝卜的状态灵活调整加热时间。若选用新鲜白萝卜，可缩短加热时间。
＊柚子胡椒是把青柚皮、盐、青辣椒混合磨碎制成的日式酱料，味道微咸微辣。

a   b   c

白汤关东煮 ┃ 加热时间 **50 分钟～1 小时** ▶ 静置时间 **20 分钟**

先将白萝卜煎熟，再加入水和调味料，熬出咸鲜的高汤，然后做成风味关东煮。整锅上桌，利用余热保温，可以慢慢享用。

原料：4 人份　适用直径 24 厘米的圆形锅

白萝卜（切成约 4 厘米厚的圆块）……………………………… 4～6 块	
日高海带（30 厘米长）…………… 1 根	
魔芋（煮熟）……………………… 1 块	
圆筒状鱼糕（斜切成 2 半）……… 2 根	
白煮蛋……………………………… 4 个	

A
- 水…………………………… 3 杯
- 酒……………………… 1/2 杯
- 盐……………………… 1½ 小勺
- 味酥…………………… 1 大勺

B
- 鸡肉糜…………………… 200 克
- 生姜汁…………… 需 1 小块生姜
- 酒………………………… 1 大勺
- 糖………………………… 1 小勺
- 盐……………………… 1/3 小勺
- 土豆淀粉……………… 1/2 大勺

木鱼花（放入高汤袋中备用）… 20 克
油………………………………… 1 大勺
盐………………………………… 少许
柚子胡椒………………………… 适量
香葱（切成葱花）……………… 适量

咖喱菜花沙丁鱼 | 加热时间 25～30 分钟

沙丁鱼中加入了咖喱粉，辛香浓郁。
搭配了丰富的蔬菜，营养健康。

原料：4 人份　适用直径 24 厘米的圆形锅

沙丁鱼 ················· 6～8 尾

盐水 ┌ 盐 ·················· 1 小勺
　　 └ 水 ·················· 4 杯

A ┌ 盐 ·················· 3/4 小勺
　│ 胡椒粉 ·············· 少许
　│ 白葡萄酒 ·············· 2 大勺
　└ 咖喱粉 ·············· 1 小勺

番茄罐头 ·············1 罐（400 克）
菜花（大棵的） ·············· 1/2 棵
芜菁 ·············· 4 小棵

橄榄油 ················· 2 大勺

B ┌ 洋葱（切碎） ·············· 1 颗
　└ 大蒜（切碎） ·············· 1 瓣

C ┌ 水 ·················· 2 杯
　│ 高汤块 ·············· 1 块
　│ 白葡萄酒 ·············· 1/2 杯
　│ 咖喱粉 ·············· 1/2 大勺
　│ 盐 ·············· 1/2 小勺
　│ 胡椒粉 ·············· 少许
　└ 月桂叶 ·············· 1 片

盐、胡椒粉、咖喱粉 ·············· 各少许

1　沙丁鱼去头，鱼身切成 2 段，除去内脏，冲洗干净。放入盐水中浸泡 10 分钟，捞出沥干，加入 A 拌匀（a）。

2　把菜花掰成小朵，芜菁切去叶子、保留一小段茎，洗净后去皮备用。

3　锅中倒入橄榄油开火加热，倒入 B 焖炒☆。加入番茄罐头和 C，煮沸。

4　放入菜花，盖上锅盖煮 5 分钟。加入控干的沙丁鱼（b）和芜菁，再煮 10～15 分钟。撒上盐、胡椒粉和咖喱粉调味，盛入餐盘中。

☆焖炒方法请参考第 55 页

红烧鲷鱼头

加热时间 **15** 分钟 ▶ 静置时间 **5 ~ 10** 分钟

将鲷鱼头切成大块，煮沸后再焖煮10分钟就可以做出这道美味料理。
牛蒡如果比较硬，可适当多煮些时间。

原料：4 人份　适用直径 24 厘米的圆形锅

鲷鱼头（切成大块）……600 ~ 800 克

牛蒡………………………1 根（150 克）

生姜（切成丝）…………… 2 小块

A ┌ 酒……………………… 1/2 杯
　├ 酱油，味醂…………… 各 4 大勺
　└ 糖……………………… 2 大勺

花椒嫩叶…………………………… 适量

1　牛蒡切成 5 厘米长的段，然后纵向剖成 4 块，放入水中泡一下，控干备用。

2　鲷鱼头用开水焯一下，放入冰水中，清理干净鱼鳞和血块（a），控干。

3　锅中放入鲷鱼头、牛蒡和生姜丝，加入 A（b），开中火煮沸。

4　盖上锅盖焖煮 5 分钟，转小火再煮 5 分钟，然后关火焖 5 ~ 10 分钟。

5　将鲷鱼头和牛蒡盛入餐盘中。再次开中火煮至收汁，淋在鲷鱼头上，最后用花椒嫩叶点缀一下。

西式牛腱蔬菜锅 | 加热时间 1 小时 30 分钟 ▶ 静置时间 30 分钟

以牛腱为主要食材，炖出口感清爽、肉香浓郁的鲜美汤菜。
配菜可以选择自己喜欢的蔬菜，用莲藕或牛蒡都不错。

原料：4 ~ 6 人份

适用直径 27 厘米的椭圆形锅或直径 24 厘米的圆形锅

牛腱（切成 4 块，用棉线绑好）
.... 800 克
胡萝卜（纵向对半切开）...... 1 ~ 2 根
洋葱（纵向对半切开）...... 1 ~ 2 颗
圆白菜（纵向切成 4 瓣）...... 1/2 小棵
芹菜（大棵的，去筋后切成 4 段）
.... 1 根

A ⎡ 水 .... 5 杯
  │ 酒 .... 1/2 杯
  │ 高汤块 .... 1/2 个
  │ 盐 .... 1 小勺
  ⎣ 黑胡椒碎 .... 少许
B ⎡ 芹菜茎 .... 1 根
  │ 欧芹茎 .... 1 根
  ⎣ 月桂叶 .... 1 片
盐 .... 适量
芥末籽酱 .... 适量

1 牛腱焯水后洗净，沥水备用。

2 锅中倒入牛腱、A 和 B，煮沸后用滤网撇去浮沫（如小图所示）。盖上锅盖，转小火炖 1 小时，关火后焖 30 分钟。

3 再次开火，加入胡萝卜、洋葱、芹菜，把圆白菜放在最上层，煮沸。盖上锅盖，中火煮 5 分钟后转小火煮 20 分钟。用盐调味后捞出食材，切成方便食用的小块，与汤汁一起盛入深盘中，加适量芥末籽酱即可。

狮子头 | 加热时间 **25** 分钟

饱满的大肉丸煮熟后表面凹凸不平，形似狮子头，这道菜因此得名。
将肉丸煎一下，再加入蔬菜与高汤炖煮。
搭配了大量白菜、竹笋等食材，是道营养美味的暖身菜。

原料：4 人份
适用直径 27 厘米的椭圆形锅

猪绞肉（瘦肉）……………………… 400 克

A
- 鸡蛋…………………………………… 1 个
- 生姜汁……………………… 需 1 小块生姜
- 盐………………………………… 1/3 小勺
- 酱油……………………………… 1 小勺
- 大葱（切末）……… 5 厘米长的 1 段
- 水………………………………… 2 大勺
- 酒、土豆淀粉………………… 各 1 大勺

白菜（切成 5 厘米 × 10 厘米的片）
……………………………… 400 ～ 500 克

大葱（斜切成段）………………………… 1 根
干香菇（泡发）…………………………… 4 朵
干粉丝（开水泡软）……………………… 50 克
水煮竹笋（切片后焯水备用）… 100 克
芝麻油……………………………………… 1 大勺

B
- 水…………………………………… 5 杯
- 鸡精……………………………… 1 小勺
- 蚝油……………………………… 1 小勺
- 盐………………………………… 1/2 小勺
- 绍兴酒、酱油………………… 各 2 大勺
- 胡椒粉…………………………… 少许

1 猪绞肉中加入 A，用手沿一个方向搅拌均匀，摔打排出空气后整形成一个大肉丸。

2 锅中倒入芝麻油，开火加热后放入大肉丸煎 3 分钟，煎至上色后翻面。加入葱段煎炒一下，立刻加入白菜、切片的香菇、竹笋和 B，煮沸后盖上锅盖，小火煮 10 ～ 12 分钟。

3 加入粉丝稍微煮一下，关火，将肉丸分成小块即可享用。

日式炖牛杂 | 加热时间 **2** 小时 ▶ 静置时间 **20** 分钟

用新鲜牛杂炖出的无上美味！
用足量酒将牛杂煮得松软嫩滑，加入味噌，倍添鲜美。

原料：6 人份　适用直径 24 厘米的圆形锅

新鲜牛杂（含小肠、大肠等）… 600 克	
土豆 ………………………… 3 个	
洋葱（大个儿的）………… 1 颗	
白萝卜 ……… 8 厘米长的 1 段	
魔芋（煮熟）……………… 1 块	
大葱（切成 1 厘米长的段）… 1 根	

A	
生姜（磨成泥）…………… 1 小块	
大蒜（磨成泥）…………… 1 瓣	
酒、日式高汤 …………… 各 1 杯	
味醂 ……………………… 1 大勺	
水 ………………………… 3 杯	

红味噌 ……………………… 2 大勺
信州味噌 …………………… 4 大勺
七味唐辛子① ……………… 适量

① 简称七味或七味粉，是以辣椒粉为主料的日式调味料，其他 6 种配料配方不尽相同，常见的有罂粟籽、花椒、陈皮、青海苔、芝麻、生姜、火麻仁、紫苏等。

1　牛杂焯水去腥，洗净后沥干备用。

2　锅中倒入牛杂和 A，中火煮沸后撇去浮沫，盖上锅盖，用小火煮 1 小时 30 分钟。关火，焖 20 分钟。

3　把魔芋切成小块，土豆去皮、每个切成 8 块，白萝卜切成扇形片，洋葱切成 5 毫米宽的丝。

4　锅中加入 **3**，煮沸后加入 1 大勺红味噌，2 大勺信州味噌，搅拌化开（如小图所示），盖上锅盖，小火煮 15 分钟。加入葱段与剩下的味噌，稍微煮一下盛入碗中，撒上七味唐辛子即可。

* 新鲜牛杂不容易买到，最好请肉店预留一些。如果买的是熟牛杂，只需 400 克即可。

白萝卜炖牛筋肉　｜加热时间约 **2** 小时　▶ 静置时间 **20** 分钟

炖至酥软的牛筋肉与鲜美入味的白萝卜真是绝妙的组合，
佐酒、下饭都很合适。

原料：4 人份　适用直径 24 厘米的圆形锅

牛筋肉	500 克
白萝卜	1/2 根
油	2 大勺

A
大葱（取叶）	1 根
生姜（连皮切成薄片）	2 小块
水	2 杯
日式高汤	1 杯
酒	1 杯

B
酱油、味醂	各 4 大勺

大葱	2 根
黑七味唐辛子^①或七味唐辛子	适量

①配料中含有黑芝麻的七味唐辛子。

1　牛筋肉放入沸水中煮 1 分钟，捞出后用冷水洗净，沥干，切成方便食用的小块。

2　锅中倒入 **1** 和 A，煮沸后盖上锅盖，小火慢炖 1 小时。关火静置 20 分钟(a)。

3　把白萝卜切成滚刀块。另取一只平底锅，倒入油加热，放入白萝卜煎至上色，用厨房纸吸去多余的油。

4　将 B 加入 **2** 中，煮沸后加入白萝卜(b)，盖上锅盖，小火慢炖 20 ~ 30 分钟。

5　把做好的菜盛入深盘中，将葱叶斜切成葱花撒在上面，再撒上黑七味唐辛子即可。

普罗旺斯炖菜

加热时间 **30** 分钟 ▶ 静置时间 **5** 分钟

这道菜非常适合作为家中常备菜。把番茄罐头煮成酱状，加入炒好的根茎类蔬菜中，番茄的酸甜与蔬菜的清香融为一体。根茎类蔬菜即使放置一段时间也不易出水，不会影响口感。

原料：4 人份　适用直径 24 厘米的圆形锅

牛蒡……………………… 1/2 根（80 克）
莲藕、胡萝卜………………………各 150 克
红薯…………………………1 个（200 克）
大蒜（对半切开）………………… 1 瓣
洋葱（切成 2 厘米见方的丁）… 1/2 颗
番茄罐头…………………1 罐（400 克）
干罗勒………………………… 1 小勺
橄榄油………………………… 3 大勺
盐、胡椒粉…………………… 各适量

A ┌ 酒………………………… 2 大勺
　└ 高汤块………………………… 1/2 块

1 胡萝卜切滚刀块，牛蒡斜切成 5 毫米厚的片，红薯切滚刀块，分别泡在冷水中。莲藕切滚刀块，泡在加了白醋的水（另备）中。捞出食材，沥干备用。

2 锅中倒入番茄罐头，中火煮约 5 分钟去酸味，盛出备用。将锅洗净。

3 锅中倒入橄榄油开火加热，依次加入大蒜、洋葱、牛蒡、莲藕、胡萝卜和红薯，翻炒均匀。加入 A（a），盖上锅盖，转小火煮 15 分钟。其间不时翻拌一下，以免煳锅。关火焖 5 分钟。

4 再次开火，加入 **2** 拌匀，撒适量盐和胡椒粉调味，最后撒上干罗勒（b），煮 3 分钟即可。

橄榄油焖夏日时蔬 | 加热时间 15 分钟

用足量橄榄油稍微焖煮一下，释放出蔬菜天然的清甜，
非常适合搭配德国法兰克福香肠。

原料：4 人份　适用直径 24 厘米的圆形锅

洋葱（切条）……………………… 1 颗
红柿子椒、黄柿子椒（分别切成 2 厘米
　宽的条）………………… 各 1/2 个
四季豆（去筋）…………………… 100 克
小茄子（切成 4～6 块，泡在盐水中）
………………………………… 2 根

德国法兰克福香肠………… 4 根（200 克）
红辣椒…………………………………… 2 个
橄榄油……………………………… 3 大勺
盐、胡椒粉………………………… 各适量

1　锅中倒入橄榄油开火加热，放入洋
葱炒至上色，加入沥干的茄子和四季豆
翻炒。

2　加入红柿子椒、黄柿子椒、红辣椒
和 2/3 小勺盐，翻炒均匀。放入德国法
兰克福香肠，盖上锅盖焖煮 10 分钟，
不时翻拌一下。

3　用盐和胡椒粉调味，盛入餐盘中。

土豆炖牛肉 | 加热时间 **30 ~ 32** 分钟 ▶ 静置时间 **10** 分钟

整颗的土豆口感绵软。煮好后关火焖10分钟，就能使土豆熟透变软，
吸收鲜美的汤汁、更加入味。

原料：4 人份　适用直径 22 厘米的圆形锅

土豆（去皮，泡在水中备用）

　… 6 ~ 7 个（去皮后 600 ~ 700 克）

薄片牛肉（简单切分）………… 200 克

洋葱（切条）………………………… 1 颗

油……………………………………… 1 大勺

A ┌ 酱油、糖……………………… 各 3 大勺

　└ 酒、日式高汤…………………… 各 4 大勺

1　锅中倒入油，中火加热，放入沥干
水的土豆翻炒（a）至表面上色，盛出
备用。

2　将 A 倒入 **1** 的锅中，放入薄片牛
肉，中火烹煮，撇去浮沫。加入土豆翻
拌一下，放入洋葱（b）煮沸。盖上锅盖，
中火煮 10 分钟后翻拌一下，转小火继
续煮 10 ~ 12 分钟。

3　关火焖 10 分钟，直至土豆熟透。
将锅中的食材拌匀，盛盘。

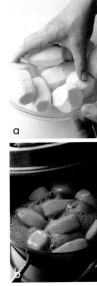

炖芋头 | 加热时间 **25** 分钟 ▶ 静置时间 **10** 分钟

为了充分保留芋头黏液中的营养成分，
无须焯水，直接焖煮整颗芋头即可。

原料: 4 人份　适用直径 22 厘米的圆形锅

芋头（大个儿的）

.... 1 千克（去皮后 600 克）

盐.................................. 1 小勺

A ⌈ 日式高汤................. 3/4 杯
　└ 糖、酒、酱油............ 各 2 大勺

柚子皮............................... 少许

1 芋头洗净沥干，切去两端、削去外皮，撒上盐揉搓（a），冲洗干净，沥干备用。

2 锅底铺一张剪成圆形的油纸，依次倒入 A 和芋头，中火煮沸，拌匀。盖上锅盖，用中小火煮 10 分钟。翻拌一下，转小火焖煮 10 分钟（b）。

3 关火焖 10 分钟。芋头表面出现细缝时，就焖熟了。

4 盛入碗中，装饰上切成细丝的柚子皮即可。

* 烹煮芋头之类富含淀粉的食材时，先在锅底铺一张油纸，能防止粘锅，保持食材的原形。

焖煎

铸铁锅的内壁手感类似细砂锅，表面的微孔减少了锅壁与食材的接触面积，能有效吸收油脂，烹饪肉类时，能煎出脆嫩的口感。盖上锅盖"焖煎"，既能缩短烹饪时间，又能使肉质更加鲜嫩多汁。除了肉类，海鲜和蔬菜也很适合这种烹饪方法。

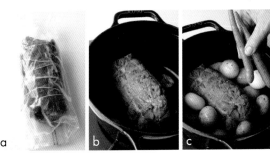

a   b   c

1 猪肉擦干，用棉线绑好。将 A 均匀抹在猪肉上，放入保鲜袋中包好（a）。放入冰箱冷藏 1～3 天，中间翻几次面。

2 珍珠洋葱剥去外皮，小土豆和迷你胡萝卜洗净沥干，一起放入料理碗中，加入 B 拌匀。

3 烹饪前 1 小时取出猪肉，静置回温。锅中倒入橄榄油加热，放入大蒜炒香。加入擦干水分的猪肉，中火煎至猪肉表面微焦（b）。

4 将小土豆、珍珠洋葱、迷你胡萝卜依次放在猪肉周围（c），加入 1/2 杯雪莉酒，最后将月桂叶放在猪肉上，盖上锅盖，转小火焖煎 25 分钟，中间不时翻面。关火焖 10 分钟，直至猪肉熟透。

5 取出猪肉，切片后盛入餐盘中，再盛入蔬菜。锅中的汤汁撇去浮油，加入剩下的雪莉酒，煮沸后用盐和黑胡椒碎调味。继续煮至收汁，淋在菜品上即可。

焖煎腌肉佐时蔬 | 加热时间 **35** 分钟 ▶ 静置时间 **10** 分钟

根据猪肉的用量抹上 1.5% 的盐和 0.75% 的糖，腌制入味后再烹调。
香嫩多汁的猪肉搭配充分吸收肉汁精华的鲜美时蔬，让人回味无穷。

原料: 4 人份　适用直径 22 厘米的圆形锅

猪肩肉	·····	1 块（500 克）
A　盐	·····	1½ 小勺
糖	·····	略少于 1 小勺
黑胡椒碎	·····	少许
小土豆	·····	8 个
迷你胡萝卜	·····	4～8 根
珍珠洋葱	·····	4～8 颗
B　橄榄油	·····	1/2 大勺
盐	·····	1/3 小勺
黑胡椒碎	·····	少许
大蒜（对半切开，拍碎）	·····	2 瓣
月桂叶	·····	3～5 片
雪莉酒（或白葡萄酒）	·····	3/4 杯
橄榄油	·····	1 大勺
盐、黑胡椒碎	·····	各少许

* 也可以不加蔬菜，直接焖煎 2 倍用量的猪肉。做好后可冷藏保存 3 天。猪肉切片后可直接享用，或者夹在三明治中，用来煮汤或炒饭也很美味。

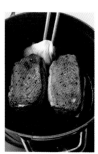

香煎玫瑰鸭脯 | 加热时间 **10** 分钟 ▶ 静置时间 **5** 分钟

将鸭脯煎至表皮焦香，逼出多余油脂后再次煎制，更加香脆。
如果鸭脯切面呈香槟粉色，就是一道完美的料理。

原料: 2 块　适用直径 24 厘米的圆形锅

鸭脯⋯⋯⋯⋯⋯⋯⋯⋯⋯⋯⋯	2 块（500 克）
盐⋯⋯⋯⋯⋯⋯⋯⋯⋯⋯⋯⋯	1½ 小勺
黑胡椒碎⋯⋯⋯⋯⋯⋯⋯⋯⋯⋯	少许
芥末粉⋯⋯⋯⋯⋯⋯⋯⋯⋯	1 大勺
A　盐⋯⋯⋯⋯⋯⋯⋯⋯⋯⋯	2/3 小勺
温水⋯⋯⋯⋯⋯⋯⋯⋯⋯	略少于 1 大勺
酸橘⋯⋯⋯⋯⋯⋯⋯⋯⋯⋯⋯⋯	2 个

1　鸭脯静置回温，去筋去膜，两面划出网格，多抹一点盐和黑胡椒碎。

2　中火热锅，将鸭脯皮朝下放入，煎 4 分钟，同时用厨房纸吸去锅中油脂。翻面继续煎制，用厨房纸吸去多余油脂（如小图所示）。盖上锅盖焖煎 1 分钟，关火焖 5 分钟，直至鸭脯熟透。

3　打开锅盖，用中火将鸭脯皮朝下再煎 1 分钟。取出鸭脯，用锡纸包好，焖 10 分钟。

4　把鸭脯切成片盛盘，将 A 混合均匀盛在一旁作为蘸料，摆上横切成两半的酸橘即可。

牛排沙拉 | 加热时间 **5** 分钟 ▶ 静置时间 **1 ~ 3** 分钟

将上等牛肉焖煎至外焦里嫩，切片后做成美味沙拉。
铸铁锅导热均匀，能使食材均匀受热，将牛肉的鲜美味道发挥到极致。

原料: 4 人份　适用直径 24 厘米的圆形锅

牛腿肉（2 厘米厚）	
……… 1 ~ 2 块（300 ~ 400 克）	
盐……………………… 略少于 1 小勺	
黑胡椒碎………………………… 少许	
大蒜（对半切开，拍松）…… 2 ~ 3 瓣	
橄榄油…………………………… 1 大勺	
水芹……………………………… 2 把	
其他绿叶蔬菜………………… 100 克	

白蘑菇………………… 1 包（6 ~ 8 朵）
柠檬汁………………………………… 少许

A ⎡ 洋葱（磨成泥）………… 1/2 大勺
　 ｜ 橄榄油…………………… 1 大勺
　 ｜ 橙醋酱油①……………… 2 大勺
　 ⎣ 胡椒粉…………………… 少许

* 请根据牛肉的厚度调整加热和静置时间。用锡纸将牛肉包好静置一段时间，可以锁住肉汁。

① 用酱油、酒、柠檬汁、柳橙汁等调制而成，可用日式酱油加柠檬汁代替。

1　牛肉静置回温，两面均匀地抹上盐和黑胡椒碎。

2　锅中倒入橄榄油，放入大蒜，中火加热。放入腌好的牛肉煎 1 分半钟，翻面继续煎 1 分半钟。关火，把牛肉盖在大蒜上，盖上锅盖（如小图所示）焖煎 1 ~ 3 分钟，直至喜欢的熟度。取出牛肉用锡纸包好，焖 20 ~ 30 分钟。捞除大蒜。

3　将水芹和其他绿叶蔬菜切成方便食用的小片，浸入冷水中，捞出后沥干。把白蘑菇切成 3 毫米厚的薄片，淋上柠檬汁。

4　将 A 和锅中的肉汁混合均匀，做成沙拉酱汁。将牛肉斜切成薄片，与蔬菜一起盛入盘中，淋上沙拉酱汁拌匀即可。

迷迭香煎鸡腿 | 加热时间 **25 ~ 30** 分钟

用焖煎的方法，不易熟透的鸡腿也能轻松煎熟，并且软嫩多汁。
配菜还可以换成胡萝卜和西蓝花。

原料：4 人份　适用直径 24 厘米的圆形锅

鸡腿（大个儿的）·········· 2 只（600 克）

A ┌ 盐 ·························· 略多于 1 小勺
　└ 黑胡椒碎 ······················· 少许

小土豆（均匀地抹上少许盐和 1 大勺橄榄油）······························ 300 克

大蒜（带薄皮）··················· 2 瓣

迷迭香 ·························· 2 枝

橄榄油 ························· 1 大勺

白葡萄酒 ······················ 3 大勺

1　将鸡腿顺着骨头的走向划开，从关节处切成 2 块。撒上 A（a）腌 10 分钟，擦干备用。

2　锅中倒入橄榄油，中火加热。将腌好的鸡腿皮朝下放入锅中，煎至表面微焦后翻面（b），继续煎制，同时用厨房纸吸去多余油脂。煎至鸡腿两面微焦，倒入白葡萄酒煮沸，依次加入土豆、大蒜、迷迭香，盖上锅盖（c），转小火焖煎 10 分钟。将土豆翻拌一下，再煎 10 ~ 15 分钟。

3　盛盘，剥去蒜皮，与鸡腿一起品尝。

葡萄酒醋烧旗鱼排 | 加热时间 **12 ~ 14** 分钟

将鱼排煎至外焦里嫩，然后盖上锅盖锁住鲜味，
成品让人唇齿留香。

原料：4 人份　适用直径 24 厘米的圆形锅

旗鱼排……………4 块（500 ~ 600 克）

盐……………………………略多于 1 小勺

黑胡椒碎……………………………少许

橄榄油………………………………1½ 大勺

大蒜（拍松）………………………1 瓣

小番茄（樱桃番茄或其他品种）

………………………1 盒（约 200 克）

白葡萄酒醋………………………2 大勺

芝麻菜………………………………适量

1　旗鱼排两面撒上盐和黑胡椒碎，腌 10 分钟后擦干。

2　锅中倒入橄榄油，放入大蒜，中大火加热。放入 2 块旗鱼排，煎至两面微焦（a）后盛出。捞除大蒜，用同样的方法煎好剩下的 2 块旗鱼排。

3　把盛出的旗鱼排放回锅中，加入去蒂的小番茄和白葡萄酒醋（b），盖上锅盖焖煮 1 ~ 2 分钟。

4　将旗鱼排盛入餐盘中。盖上锅盖，将小番茄再煮 1 ~ 2 分钟，撒少许盐（另备）调味后盛在旗鱼排上，装饰上芝麻菜即可。

味噌乳酪焗茄子 | 加热时间 **14** 分钟

富有西式乳酪风味的茄子田乐烧。
将对半切开的茄子煎至熟透变软，淋上红味噌、撒上乳酪，做法非常简单。

原料：2 人份　适用直径 22 厘米的圆形锅

圆茄子··········	1 个（300 ~ 350 克）
油·················	3 ~ 4 大勺
酒·················	1 大勺
A ┌ 红味噌、糖、味醂	各 1½ ~ 2 大勺
马苏里拉乳酪（切成 5 毫米宽的条）	1/2 块（60 克）
紫苏（切丝）·············	适量

1　料理碗中放入 A，混合均匀，盖上保鲜膜，放入 600 瓦的微波炉中加热约 40 秒。

2　茄子去蒂，对半切开，在切面上划出网格（a）。底部切掉少许表皮，使茄子更容易放平。

3　锅中倒入油，中火加热，将茄子切面朝下放入锅中（b），中小火煎 6 分钟。翻面，淋上酒，盖上锅盖焖煎 3 分钟。淋上 A，撒上马苏里拉乳酪，盖上锅盖再煎 3 分钟。盛盘，根据个人喜好撒适量紫苏即可。

乳酪烧莲藕 | 加热时间 9 ~ 12 分钟

将莲藕煎至喜欢的熟度，
再用含盐的油浸鳀鱼和乳酪调味即可。

原料：4 人份　适用直径 22 厘米的圆形锅

莲藕（另备少许醋）···3 小段（400 克）	
橄榄油	1 大勺
大蒜（拍松）	1 瓣
油浸鳀鱼（切碎）	2 条
格鲁耶尔乳酪（切成薄片）	80 克
黑胡椒碎	少许

1　莲藕去皮，每段切成 1.5 厘米宽的条，放入加了醋的水中浸泡，捞出后沥干备用。

2　锅中倒入橄榄油，放入大蒜，中火加热。加入莲藕盖上锅盖，转中小火焖煎 5 ~ 8 分钟，直至喜欢的熟度。其间不时打开锅盖翻拌一下。

3　加入黑胡椒碎和油浸鳀鱼，拌匀，撒上格鲁耶尔乳酪（如小图所示），盖上锅盖焖煎 2 分钟，再撒些黑胡椒碎调味即可。

* 可用德国法兰克福香肠或培根代替油浸鳀鱼，但需加些盐调味。

* 可用比萨乳酪代替格鲁耶尔乳酪。

加热时间 **12** 分钟 ▶ 静置时间 **5~10** 分钟

香煎培根佐卷心菜

煎至微焦的卷心菜入口鲜香，回味甘甜。
请用刀叉享用。

原料：2 人份

适用直径 24 厘米的圆形锅

卷心菜⋯⋯⋯⋯⋯⋯⋯⋯⋯⋯ 1/4 棵
培根（切成 1 厘米宽的条）⋯⋯ 2 片
盐⋯⋯⋯⋯⋯⋯⋯⋯⋯⋯⋯⋯ 少许
橄榄油⋯⋯⋯⋯⋯⋯⋯⋯⋯⋯ 1/2 大勺

1 卷心菜对半切开，切去硬芯。

2 锅中倒入橄榄油，开火加热，放入
培根，煎至香脆后盛出。

3 将卷心菜码放在锅中，撒上盐，盖
上锅盖，用小火煎 5 分钟。翻面，盖上
锅盖（如小图所示）继续煎 5 分钟。关
火焖 5~10 分钟，直至喜欢的熟度。
盛入餐盘中，搭配培根即可享用。

加热时间 **7~8** 分钟

醋香芜菁

这道菜一般在芜菁口感脆嫩时盛出，
也可根据个人喜好延长加热时间。

原料：2~3 人份

适用直径 24 厘米的圆形锅

芜菁⋯⋯⋯⋯⋯⋯⋯⋯⋯⋯ 5~6 小棵
盐⋯⋯⋯⋯⋯⋯⋯⋯⋯ 略多于 1/2 小勺
橄榄油⋯⋯⋯⋯⋯⋯⋯⋯⋯⋯⋯ 1 大勺
意大利黑醋⋯⋯⋯⋯⋯⋯⋯⋯⋯ 适量

1 芜菁切去茎叶，无须去皮，直接切
成厚圆片。保留 3 棵芜菁的菜茎，切成
3 厘米长的小段。

2 锅中倒入橄榄油，中火加热，放入
芜菁，煎至两面微焦。加入菜茎（如小
图所示），盖上锅盖转小火煎 2~3 分钟。
用盐调味后盛盘，淋上意大利黑醋即可。

*意大利黑醋用微波炉加热一下会更加浓稠
鲜美。1 大勺意大利黑醋用 600 瓦的微波炉
加热 20 秒即可。

*剩下的芜菁叶可以煎炒或者做泡菜。

加热时间 **7 ~ 8** 分钟

素烧蚕豆

在餐桌上一边剥去豆荚和蚕豆皮，一边悠闲享用。
很适合作为朋友聚会时的小菜。

原料：3 ~ 4 人份

适用直径 27 厘米的椭圆形锅

蚕豆（带豆荚）………… 1 包（10 根）

盐 ……………………………………… 适量

1 将蚕豆荚洗净，无须沥干，直接码放在锅中。

2 盖上锅盖（如小图所示），中火焖煎约 7 ~ 8 分钟，中途调至中小火。当蚕豆荚变成翠绿色时，根据个人喜好撒适量盐调味即可。

加热时间 **9 ~ 12** 分钟

素烧番茄

选用多种番茄，带来丰富的口感。
做好后也可以搅打成酱汁，搭配鱼类或肉类菜肴。

原料：2 ~ 3 人份

适用直径 24 厘米的圆形锅

番茄（中　小个儿的，多品种混合）

………………………………………… 600 克

橄榄油………………………………… 2 大勺

盐 ………………………………………… 1/2 小勺

岩盐 ……………………………………… 适量

1 中等大小的番茄去蒂去硬芯，小个儿番茄去蒂即可。

2 锅中倒入橄榄油，开火加热，将中等大小的番茄蒂朝上码放在锅中，盖上锅盖焖煎 3 分钟。翻面后加入小个儿番茄（如小图所示），撒上盐，盖上锅盖焖煎 5 ~ 8 分钟。

3 盛盘，撒上岩盐即可品尝。

加热时间 **11** 分钟 ▶ 静置时间 **5** 分钟

焖煎洋葱佐鳀鱼酱

将切成厚片的洋葱煎至微焦，
释放出浓郁香甜的风味。

原料：2 ～ 3 人份
适用直径 27 厘米的椭圆形锅

洋葱（白洋葱、红洋葱混合，小个儿的）
…………………………… 3 颗
橄榄油………………… 1/2 大勺
盐………………………… 少许

A
┌ 橄榄油……………………… 1 大勺
│ 油浸鳀鱼（切碎）………… 2 条
│ 大蒜（磨成泥）…………… 少许
└ 黑胡椒碎………………… 少许

1 锅中倒入橄榄油，中火加热。将横
切成厚片的洋葱码放在锅中，盖上锅盖，
中小火焖煎 4 分钟。翻面撒上盐，盖上
锅盖（如小图所示），转小火继续煎 5
分钟。关火焖 5 分钟，盛盘。

2 将 A 倒入耐热容器中，用保鲜膜封
好，放入 600 瓦的微波炉中加热 20 秒。
取出后淋在洋葱上即可。

加热时间 **4** ～ **5** 分钟

素烧什锦蘑菇

几分钟就可以做好的快手菜，
忽然想要再加一道菜时，可以试做一下。

原料：4 人份
适用直径 24 厘米的圆形锅

香菇、白蘑菇（大个儿的）、杏鲍菇、
蟹味菇…… 各 1 包（每包约 100 克）
橄榄油………………………… 1 大勺
黄油…………………………… 2 大勺
盐……………………………… 1/2 小勺
黑胡椒碎……………………… 少许
香葱（切成葱花）…………… 2 根

1 香菇、白蘑菇去柄、对半切开，杏
鲍菇切成片，蟹味菇掰成小丛。

2 锅中倒入橄榄油，开火加热，除蟹
味菇外，将其他蘑菇放入锅中，加入 1
大勺黄油，煎至蘑菇切面上色。加入蟹
味菇、盐（如小图所示）和剩下的黄油，
盖上锅盖，用中大火焖煎约 1 分钟。用
黑胡椒碎调味，盛盘，撒上葱花即可。

* 可根据个人喜好加少许酱油。

加热时间 **3 ~ 4** 分钟

素烧芦笋配太阳蛋

比起水煮，将芦笋煎熟更加美味。
搭配五分熟的太阳蛋一起享用吧。

原料：2 人份
适用直径 27 厘米的椭圆形锅

芦笋（大个儿的）…………	8 ~ 10 根
盐…………………………………	少许
鸡蛋………………………………	1 个
橄榄油…………………………	1⅓ 大勺
黑胡椒碎…………………………	少许
帕马森干酪（磨成粉）…………	适量

1 芦笋根部切去 3 厘米，削去硬皮。

2 锅中倒入 1 大勺橄榄油，开火加热，放入芦笋煎成翠绿色（如小图所示）。撒上盐，盖上锅盖焖煎 30 秒 ~ 1 分钟，盛盘。

3 另取一只平底锅，倒入剩下的橄榄油加热，将鸡蛋煎至五分熟，盛在芦笋上。撒上帕马森干酪和黑胡椒碎即可。

加热时间 **5** 分钟 ▶ 静置时间 **2 ~ 3** 分钟

香煎彩椒拌木鱼花

煎至微焦的彩椒，
格外美味。

原料：4 人份
适用直径 22 厘米的圆形锅

彩椒（或青椒）…………………	12 个
芝麻油（或橄榄油）……………	1 大勺
木鱼花………………	1 小包（约 5 克）
酱油………………………………	1 大勺
盐…………………………………	少许

1 用手指将彩椒蒂向内轻推，然后连芯一起拔出，清理干净籽粒。

2 锅中倒入芝麻油，中火加热，放入彩椒翻炒一下（如小图所示），盖上锅盖，转小火焖煎约 3 分钟。关火焖 2 ~ 3 分钟，直至喜欢的熟度。

3 加入 1/2 的木鱼花和酱油，撒上盐，拌匀。盛入餐盘中，撒上剩下的木鱼花即可享用。

热锅蒸

将食材放入锅中，加入少量水和调味料蒸制。铸铁锅的导热效果非常好，煮沸后只需小火加热，就能使水蒸气不断循环、快速蒸熟食物，充分释放肉类、海鲜、蔬菜等食材本身的天然鲜美，营养不易流失。从现在起，每天为餐桌加一道蒸制的健康美食吧。

蒸牡蛎 | 加热时间 **10** 分钟

为了避免划伤铸铁锅内壁，先在锅中铺上油纸，再放入带壳的牡蛎蒸熟。
可以根据自己的喜好选择不同种类的牡蛎，都很美味。
用快速蒸熟的方法，可以紧锁牡蛎的的鲜美滋味。
搭配柠檬汁或番茄酱享用，美味加倍。

原料：4 人份
**适用直径 27 厘米的椭圆形锅或直径 24
厘米的圆形锅**

岩牡蛎（带壳，特大）············· 4 只
水························· 1/2 杯
柠檬汁、番茄酱················ 各适量

1 将牡蛎壳刷洗干净 (a)，沥干。

2 在锅中铺上油纸，将牡蛎扁平的一
面朝上放入。加入水，半掩锅盖，中大
火煮至冒出蒸汽（b），盖严锅盖转中小
火蒸 8 分钟。

3 把刀插入牡蛎壳的缝隙中，撬开外
壳 (c)，淋上柠檬汁和番茄酱即可。

* 小心不要被牡蛎壳划伤。如果撬不开外
壳，可以将牡蛎倾斜，从流出汁液处入刀。
* 中等大小的牡蛎蒸 4 ~ 6 分钟即可。

番茄酱

取 1/2 个（70 克）番茄切成丁，加入 1
大勺切碎的洋葱、1/2 大勺橄榄油、1/2
大勺柠檬汁、1/2 小勺淡口酱油和少许
黑胡椒碎，混合均匀即可。

油浸牡蛎

将蒸熟的牡蛎稍加调味、浸在橄榄油中，放入冰箱冷藏可保
存 1 周。很适合搭配葡萄酒享用。

1 将 8 只中等大小的牡蛎蒸熟，去壳
后放入锅中，加入 1 大勺酒，盖上锅盖
煮 1 分钟。再加入 1 小勺蚝油，煮至收
汁（如小图所示）。

2 晾至彻底冷却，盛入玻璃瓶中，加
入少许切片的大蒜、1 根红辣椒、1 片
月桂叶，倒入等量的色拉油和橄榄油，
直至没过食材。放入冰箱冷藏保存。

* 吃完后剩下的油可用来做意大利面。

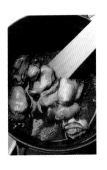

酒焖蛤蜊佐香菜

咸鲜的蛤蜊融合了酒的香醇与香菜的独特风味。
锅中的汤汁也不要浪费，直接享用或者蘸面包都很美味。

原料：4 人份

适用直径 22 厘米的圆形锅

蛤蜊（带壳）⋯⋯⋯⋯⋯⋯ 400 克

酒⋯⋯⋯⋯⋯⋯⋯⋯⋯⋯⋯ 2 大勺

大蒜（切碎）⋯⋯⋯⋯⋯⋯ 1 小瓣

香菜⋯⋯⋯⋯⋯⋯⋯⋯⋯⋯⋯ 2 棵

橄榄油⋯⋯⋯⋯⋯⋯⋯⋯⋯ 1/2 大勺

盐⋯⋯⋯⋯⋯⋯⋯⋯⋯⋯⋯⋯ 适量

1 将蛤蜊放入盛有盐水（1 小勺盐 + 1 杯水）的平底方盘中浸泡，盖上锡纸（a），放入冰箱冷藏 30 分钟后冲洗干净，沥干。

2 香菜摘下叶片，茎切成 5 毫米长的小段。

3 锅中倒入橄榄油，放入大蒜中火炒香。加入香菜茎和蛤蜊，淋上酒，盖上锅盖（b），中火蒸 2 ~ 3 分钟。

4 挑去未开口的蛤蜊，将开口的蛤蜊连同汤汁一起盛盘，装饰上香菜叶即可。

a

b

韩式鱿鱼拌西蓝花

短时间蒸过的鱿鱼细嫩软滑，加入韩式辣酱简单拌一下，
即可成为下饭、佐酒的佳肴。

原料：4 人份

适用直径 27 厘米的椭圆形锅或直径 24 厘米的圆形锅

鱿鱼（生）………………………	2 只
西蓝花（切成小朵）…………	1 小棵
盐………………………………	少许
大葱（取叶）…………………	2 根
酒………………………………	3 大勺

A ┌ 韩式辣酱、白芝麻粉…… 各 1 大勺
  ├ 醋、糖、酱油………… 各 1/2 大勺
  └ 味噌…………………… 1 小勺

1 将鱿鱼须和头部分离，除去内脏和软骨。鱿鱼须切成方便食用的大小。

2 西蓝花放入水中浸泡，捞出后沥干、撒上盐。

3 锅中铺入葱叶，将鱿鱼身体部分腹部朝下放入，周围放入鱿鱼须和西蓝花，淋上酒（a），盖上锅盖用中火焖煮。

4 冒出蒸汽后打开锅盖，将鱿鱼翻面，盖上锅盖转小火蒸 1 分钟。关火静置 2 分钟（b），盛出鱿鱼和西蓝花，挑去葱叶。

5 将鱿鱼身体部分切成约 2 厘米宽的长条，与鱿鱼须、西蓝花混合，加入 A 拌匀，即可盛入餐盘中。

＊如果西蓝花太硬，盛出鱿鱼后可再蒸 1 分钟。

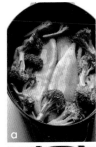

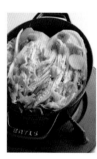

元贝白菜蒸猪肉 | 加热时间 25 ~ 35 分钟

将白菜切成4等份，叶片间夹上猪肉片，放入元贝罐头一起蒸煮。
白菜鲜美多汁，风味质朴。

原料: 4 人份
适用直径 27 厘米的椭圆形锅

白菜··············	1/2 棵（约 1 千克）
五花肉（切成薄片）··········	400 克
盐··················	1 小勺
元贝罐头··············	1 小罐（70 克）
生姜（切成薄片）··········	2 ~ 3 片

A	酒··············	1/2 杯
	水··············	1/2 杯
B	淡口酱油··········	1 小勺
	盐··············	少许
黑胡椒碎··············	少许
柠檬（切块）··········	适量

1 白菜对半切开、切除硬芯，洗净沥干。猪肉片切成 3 等份，撒上盐。

2 在白菜叶之间夹入猪肉片（每隔三四片白菜叶夹入适量肉片），夹好后放入锅中（如小图所示）。连汁倒入元贝罐头，加入生姜与 A，盖上锅盖用中火煮沸。调至小火，根据个人喜好蒸 20 ~ 30 分钟。

3 将白菜切成方便食用的小片，盛入餐盘中。锅中加入 B，混合均匀后淋在白菜上。撒上黑胡椒碎，摆上柠檬即可。

＊柠檬也可用柚子或酸橘代替。

棒棒鸡 | 加热时间 **15 ~ 18** 分钟 ▶ 静置时间 **30** 分钟

鸡肉蒸熟后晾至冷却，肉质会更加软嫩鲜美。

原料：4 人份
适用直径 22 厘米的圆形锅

鸡胸肉·············2 小块（400 克）

A ⎡ 盐·····················1/2 小勺
⎢ 糖·····················1/2 小勺
⎣ 酒······················1 大勺

大葱（葱叶与葱白分别切成长段）
·····························1 根

生姜（切成薄片）·············4 片

水·····························1/2 杯

黄瓜（拍松，切成段）···········2 根

B ⎡ 大葱（切碎）·····3 厘米长的 1 段
⎢ 生姜（切碎）···············1/2 小块
⎢ 白芝麻酱·····················1 大勺
⎢ 白芝麻粉·····················1 大勺
⎢ 酱油·······················1½ 大勺
⎢ 糖、醋···············各 1/2 大勺
⎢ 红辣椒（切圈）···············1/2 个
⎣ 辣椒油·····················适量

* 鸡肉蒸熟后流出的肉汁，可以用来做汤菜。

1 将 A 与鸡肉拌匀，装入保鲜袋中封好，放入冰箱冷藏至少 1 小时，最好冷藏 1 晚。

2 锅中铺入葱白，放入解冻回温的鸡肉，将葱叶和姜片放在最上面。加入水，盖上锅盖用中火煮沸。调至小火，继续煮 12 ~ 15 分钟。关火焖 30 分钟，晾至冷却，把鸡肉撕成条状。

3 将黄瓜放入餐盘中，盛上葱白和鸡肉，淋上混合均匀的 B 即可。

加热时间 **6 ~ 8** 分钟

清蒸毛豆

只需少量水即可蒸出清香的毛豆。
节省了煮沸一大锅水的时间，是名副其实的环保快手菜！

原料：2 ~ 3 人份

适用直径 22 厘米的圆形锅

毛豆（另备少许盐）…1 包（约 200 克）

水……………………… 4 ~ 6 大勺

盐…………………………… 适量

1 毛豆撒上盐、搓去表面绒毛，洗净后沥干。放入锅中（如小图所示），加入水（如果蒸煮时间较长，可多加一些水），盖上锅盖用中火烹煮。

2 煮沸后调至中小火，根据个人喜好蒸 4 ~ 6 分钟。用盐调味后即可盛盘。

加热时间 **7 ~ 8** 分钟

韩式豆芽拌菜

看似简单的煮豆芽，一定要掌控好火候，才能有清爽脆嫩的口感。

原料：2 人份

适用直径 22 厘米的圆形锅

黄豆芽………………………1 包（200 克）

水………………………… 1/2 杯

　┌ 大葱（切碎）…… 5 厘米长的 1 段

　│ 白芝麻粉……………… 1 大勺

A │ 芝麻油………………… 1 小勺

　│ 大蒜（磨成泥）……… 少许

　│ 胡椒粉………………… 少许

　└ 盐…………………… 1/4 小勺

1 黄豆芽掐去尾尖，洗净后放入锅中。加入水（如小图所示），盖上锅盖用中火烹煮。

2 煮沸后调至小火，根据个人喜好蒸 4 ~ 5 分钟。

3 捞出黄豆芽，沥干，加入 A 拌匀即可。

加热时间 **15 ~ 16** 分钟

清蒸南瓜佐酸奶酱

刚出锅的南瓜趁热淋上酸奶酱。
吃不完的南瓜可用来做味噌汤或沙拉。

原料：4 人份
适用直径 22 厘米的圆形锅

南瓜⋯⋯⋯⋯ 1/4 个（去瓤后 400 克）
水⋯⋯⋯⋯⋯⋯⋯⋯⋯⋯⋯ 1/2 杯

A ⎡ 蛋黄酱、原味酸奶⋯⋯⋯ 各 2 大勺
  ⎢ 枫糖浆⋯⋯⋯⋯⋯⋯⋯⋯⋯ 1 小勺
  ⎣ 盐、胡椒粉⋯⋯⋯⋯⋯⋯ 各少许

核桃仁（炒熟，简单切碎）⋯⋯ 20 克

1 南瓜去瓤去籽，纵向对半切开。锅
中倒入水，将南瓜皮朝下放入（如小图
所示），盖上锅盖用中火煮沸。调至小火，
蒸 12 ~ 13 分钟，直至熟透。

2 将南瓜横向对半切开，盛盘，淋上
混合均匀的 A、撒上核桃碎即可享用。

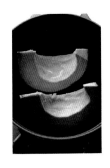

加热时间 **13 ~ 15** 分钟

清蒸玉米

将带皮玉米用少量水蒸熟，
释放出自然的清甜味道。

原料：2 人份
适用直径 27 厘米的椭圆形锅

玉米（带皮）⋯⋯⋯⋯⋯⋯⋯⋯ 2 根
水⋯⋯⋯⋯⋯⋯⋯⋯⋯⋯⋯ 1/2 杯

1 玉米剥去外皮、留 2 ~ 3 层内皮，
扒开内皮择去玉米须，洗净后整理成原
形。

2 将玉米放入锅中，倒入水（如小图
所示），盖上锅盖用中火煮沸。调至小火，
蒸 10 ~ 12 分钟，其间将玉米翻面。剥
去部分内皮、露出玉米粒，盛入餐盘中。

蒸笼蒸

试一试在铸铁锅上放上蒸笼做红豆饭吧。虽然蒸制时间较长，但铸铁锅只需用中火到中大火加热就能产生足够的水蒸气，节能高效。锅中放入足量水，蒸制过程中无须另外加水，非常方便。在此也为大家介绍一下茶碗蒸的做法。

红豆饭
做法请参考第50页

用南天竹叶装饰红豆饭

在日本，南天竹有"转难为福"的寓意，它的叶片有杀菌功效，从很久以前就被用来为红豆饭做装饰。除了喜庆日子的红豆饭，拜访邻居或者野餐时的便当中，也会点缀些南天竹叶，丰富色彩的同时起到杀菌的作用。出游便当主要包括红豆饭、日式什锦烧鸡肉和玉子烧，非常丰盛。日式什锦烧鸡肉的做法请参考第4页，玉子烧的做法请参考第50页。

蟹肉滑蛋茶碗蒸
做法请参考第51页

原料：8 ～ 10 人份

适用直径 24 厘米的圆形锅

垫好蒸笼垫圈，摆上蒸笼

糯米…………………………………… 5 合

红小豆（或豇豆）………………… 3/4 杯

黑芝麻……………………………… 2 大勺

盐…………………………………… 1/2 大勺

红豆饭 | 加热时间 50 分钟～ 1 小时 10 分钟

我从小吃着自家用红小豆做的红豆饭长大，现在说起红豆饭一定是用红小豆做的。推荐用大颗粒的红小豆。

1 洗净红小豆。捞去水中的浮壳和有虫眼的豆粒。

2 小锅中放入红小豆、倒入足量水，开火煮 2 ～ 3 分钟后，捞出红小豆、倒掉水。将红小豆倒回锅中，再加入 2 ～ 3 杯水，继续煮约 20 分钟，其间不时翻拌一下（a），使红小豆和空气充分接触。如果水不够，可适当添加一些。

3 捞出红小豆。汤水晾至冷却，加入 4 杯水备用。

4 糯米洗净沥干，倒入料理碗中，加入 **3** 的水，浸泡至少 4 小时，最好浸泡 1 晚（b）。糯米要完全浸没在水中，充分吸水。

5 捞出糯米，沥干，泡糯米的水备用。同时用铸铁锅煮沸一锅水。

6 洗净笼布，拧干后铺入打湿的蒸笼中，依次铺入糯米和红小豆（c）。将 **5** 的火关掉，打开锅盖，垫上蒸笼垫圈、摆上蒸笼，盖好笼布后盖上蒸笼盖（d），开中大火蒸制。

7 蒸 10 分钟后关火。打开蒸笼盖和笼布，将 1/3 杯泡糯米的水均匀洒在表面。盖好笼布和蒸笼盖，用中大火继续蒸 10 分钟。重复洒水、蒸制的过程，再蒸 20 ～ 40 分钟，直至喜欢的熟度。

8 将蒸好的红豆饭倒入大号料理碗中不断翻拌，使其散热。

9 把黑芝麻炒香，冷却后加入盐拌匀，撒在红豆饭上即可。

* 把红小豆直接倒在糯米上而不翻拌，是为了防止红小豆开裂。

* 红小豆如果一开始煮得太软，可在蒸糯米的过程中加入，或者最后再加入蒸好的糯米中。

* 夏天，泡糯米的水要放入冰箱冷藏。

* 日本关东地区习惯用豇豆而不是蒸煮时容易开裂的红小豆。各地区用的豆类品种不尽相同。

玉子烧

原料：便于制作的用量

鸡蛋……………………………………… 4 个

A ┌ 日式高汤…………………………… 2 大勺
  │ 糖、味醂………………………… 各 1 大勺
  │ 淡口酱油………………………… 1 小勺
  └ 盐…………………………………… 少许

油………………………………………… 适量

1 鸡蛋打散后加入 A，打匀。

2 平底锅中薄薄地刷一层油，中小火加热。倒入 1/5 ～ 1/4 的蛋液，煎至稍微凝固时卷起。重复刷油、煎制、卷起的过程，直至用完蛋液。

3 将蛋卷放在寿司竹帘上卷紧定形，切成方便食用的小块即可。

蟹肉滑蛋茶碗蒸 | 加热时间 **20** 分钟

做茶碗蒸时，可以将容器直接放入锅中隔水炖煮，但若希望成品质地嫩滑、避免出现蜂窝状，同时方便取出，推荐用蒸笼蒸。

下面就为大家介绍一道加入了相当于蛋液3倍用量的日式高汤、口感嫩滑的茶碗蒸。

原料：4 人份

适用直径 24 厘米的圆形锅

垫好蒸笼垫圈，摆上蒸笼

鸡蛋	⋯⋯⋯⋯⋯⋯⋯⋯⋯⋯	3 个
A	日式高汤⋯⋯⋯⋯⋯⋯⋯	450 毫升
	盐⋯⋯⋯⋯⋯⋯⋯⋯⋯⋯	1/2 小勺
	酒、味醂⋯⋯⋯⋯⋯⋯	各 1/2 大勺
香菇（切成薄片）⋯⋯⋯⋯⋯		1～2 朵
B	日式高汤⋯⋯⋯⋯⋯⋯⋯	1 杯
	酒⋯⋯⋯⋯⋯⋯⋯⋯⋯⋯	1 大勺
	淡口酱油⋯⋯⋯⋯⋯⋯	1 小勺
	盐⋯⋯⋯⋯⋯⋯⋯⋯⋯⋯	少许
	土豆淀粉⋯⋯⋯⋯⋯⋯	1/2 大勺
蟹肉（水煮）⋯⋯⋯⋯⋯⋯		50 克
三叶芹⋯⋯⋯⋯⋯⋯⋯⋯⋯		少许
生姜（磨成泥）⋯⋯⋯⋯⋯		1 小块

1 锅中倒入水至 1/3 高度，开火煮沸。垫上蒸笼垫圈，摆上蒸笼。把鸡蛋打散，加入 A 拌匀，用滤网过滤后倒入小碗中，点缀上香菇片。放入蒸笼中，加盖，中大火蒸 2 分钟后调至小火，蒸 12 分钟。

2 另取一只小锅，倒入 B 混合均匀，开火煮至汤汁呈浓稠状。放入撕好的蟹肉丝，稍微煮一下后倒在蒸蛋上，加入切碎的三叶芹和姜泥即可。

用微波炉做日式高汤

想做日式高汤，但燃气灶正在使用中，没有多余的灶头，这时不妨试试方便快捷的微波炉，做出的日式高汤味道比想象的还要浓郁，请一定尝试一下。

①在耐热玻璃碗中放入 20 克木鱼花、10 厘米见方的海带片，倒入 5 杯水 (a)。

②不用盖保鲜膜 (b)，直接放入 600 瓦的微波炉中加热 8～9 分钟。

③静置 3 分钟，滤除食材即可。

煮饭

铸铁锅导热效果好、锅盖厚重，用它煮出的米饭非常可口。为了防止米汤溢锅，一开始要半掩锅盖，煮沸后再盖严锅盖，这一点要特别注意！下面就从西式烩饭开始为大家——介绍。

西班牙鸡肉蛤蜊烩饭（左页）
做法请参考第54页

橙香芝麻菜沙拉（左页）
做法请参考第55页

红薯香肠咖喱烩饭
做法请参考第54页

芜菁胡萝卜泡菜
做法请参考第55页

加热时间 **28** 分钟 ▶ 静置时间 **5 ~ 10** 分钟

西班牙鸡肉蛤蜊烩饭

鸡翅、蛤蜊、洋葱、番茄汁等食材味道鲜美，
加上红枣的酸甜滋味，大大丰富了口感层次。

原料：4 人份
适用直径 24 厘米的圆形锅

大米	2 合
鸡翅根	8 ~ 10 根
A ┌ 盐	2/3 小勺
└ 胡椒粉	少许
蛤蜊（吐沙洗净）	250 ~ 300 克
B ┌ 洋葱（切碎）	1 颗（约 200 克）
└ 大蒜（切碎）	1 瓣
橄榄油	3 大勺
咖喱粉	略多于 1 小勺
白葡萄酒	2 大勺
番茄蔬菜汁（含盐）	1 罐（190 克）
红柿子椒	1 个
C ┌ 热水	1½ 杯
│ 干红枣	12 颗
│ 藏红花	1 小勺
└ 盐	1/2 小勺
柠檬	1 个

1 鸡翅根擦干表面，加入 A 拌匀。红柿子椒去蒂去籽，切成 1 厘米宽的条。

2 将 C 倒入料理碗中，泡发食材（a）。

3 锅中倒入橄榄油，放入 B，盖上锅盖焖炒（参考第 55 页 a ~ c）。加入鸡翅根翻炒至上色，加入咖喱粉、蛤蜊和白葡萄酒，盖上锅盖焖煮 2 分钟。挑去未开口的蛤蜊，开口的蛤蜊盛出备用（b）。

4 将 **2** 和番茄蔬菜汁倒入 **3** 的锅中煮沸，加入洗净、沥干的大米（c），拌匀铺平。将鸡翅根挑出来铺在大米上，撒入红柿子椒，盖上锅盖。

5 中火煮 1 分钟后，转小火焖煮 15 分钟。把蛤蜊放回锅中，盖上锅盖，关火，根据个人喜好焖 5 ~ 10 分钟。挤上柠檬汁即可享用。

加热时间 **16** 分钟 ▶ 静置时间 **10** 分钟

红薯香肠咖喱烩饭

做烩饭时无须翻炒米饭，把食材全部放入锅中煮熟即可，非常简单。
红薯可以增加饱腹感，用 2 合大米就可以做出 4 人份。

原料：4 人份
适用直径 20 厘米的圆形锅

大米	2 合
红薯（小个儿的）	1 个（150 克）
蟹味菇	1 包（130 克）
德国法兰克福香肠	5 根
洋葱（切碎）	1/4 颗
酒	2 大勺
咖喱粉	1½ ~ 2 小勺
盐	1¼ 小勺
胡椒粉	少许
黄油	1½ 大勺

1 大米洗净沥干，静置 30 分钟。

2 红薯切成 1 厘米厚的圆片，冲洗沥干。蟹味菇掰成小丛。德国法兰克福香肠切成 1 厘米厚的圆片。

3 锅中放入大米。酒中加入水混合成 2 杯，倒入锅中。撒上咖喱粉、盐、胡椒粉，拌匀。依次将洋葱、红薯、蟹味菇、香肠、黄油铺在米上。半掩锅盖，开中大火烹煮。

4 煮沸后盖严锅盖，煮 1 分钟后转小火再煮 10 分钟。关火焖 10 分钟（b）后翻拌一下，盛入餐盘中。

橙香芝麻菜沙拉

苦中带酸、口感回甜的清爽沙拉。

1 取 1 个橙子，用刀转圈削去表皮，除去内层皮，果肉切块。将 1/4 颗红洋葱横切成薄片，把 100 克芝麻菜、100 克生菜撕成方便食用的小片，冲洗后沥干。将以上准备好的食材盛入餐盘中。

2 将 1 大勺红葡萄酒醋、2 大勺色拉油、1 小勺芥末籽酱、1 小勺蜂蜜、适量盐和胡椒粉混合均匀，做成沙拉酱汁，淋在 **1** 上。撒适量烤熟的核桃碎即可。

焖炒洋葱是做西式炖牛肉、咖喱饭等美味的关键。用本书介绍的方法，盖上锅盖小火加热，其间不时翻炒一下，能释放出洋葱本身的甘甜。用普通的锅可能需要20 ～ 30 分钟，用铸铁锅只需 5 ～ 10 分钟即可。根据菜式还可加入大蒜等香辛料。

"焖炒"洋葱是美味的关键

①锅中倒入油，放入切碎的洋葱，中火翻炒（a）。盖上锅盖，转小火焖炒。
②其间不时打开锅盖（b）翻炒一下，直至洋葱变软（c）、口感回甜。

芜菁胡萝卜泡菜

清爽微酸，让人百吃不厌。

原料：便于制作的用量

芜菁	…………………………	3 个
胡萝卜	…………………………	1 根
芹菜	…………………………	1 根
A 醋、水	…………………	各 1/2 杯
糖	…………………………	2 大勺
盐	…………………………	1 小勺
月桂叶	…………………………	1 片
白胡椒粒	…………………	少许

1 芜菁去皮切成船形块，胡萝卜切成3 毫米厚的圆片，芹菜去筋、切成 5 厘米长的段。

2 锅中倒入 A 煮沸，关火，放入 **1** 翻拌均匀，静置冷却即可（如图所示）。

什锦蘑菇饭
做法请参考第 58 页

蚕豆嫩姜炊饭
做法请参考第 59 页

五目炊饭
做法请参考第 58 页

鲷鱼鲜笋饭
做法请参考第 59 页

原料：4 人份

适用直径 24 厘米的圆形锅

大米·····································	1 杯
油·······································	1 大勺
水·······································	10 杯

A ┌ 鸡胸肉·····························| 4 小块
  │ 盐·································| 3/4 小勺
  │ 酒·································| 1 大勺
  │ 大葱（取叶）·····················| 1 根
  └ 生姜（切成薄片）···············| 1 小块

榨菜（瓶装，切成丝）··············| 适量
香葱（切成葱花）···················| 适量

1 大米洗净沥干，静置 30 分钟。放入料理碗中，加入油拌匀（a）。

2 锅中倒入水和 A，中火煮沸后转小火煮 4～5 分钟，同时撇去浮沫。捞出鸡胸肉、葱叶和生姜（b），把鸡胸肉撕成细丝备用。

3 将大米倒入 **2** 的锅中（c），煮沸后盖上锅盖，转小火煮 30 分钟。其间不时搅拌一下，以免煳锅。

4 关火静置 30 分钟，晾至喜欢的温度。搅拌一下盛入碗中，放入鸡丝、榨菜丝和葱花即可。

＊用小火焖煮时，如果发现粥快要溢出，请将锅盖掀开一些，留出空隙。

中式鸡丝粥 | 加热时间 **47～50** 分钟 ▶ 静置时间 **30** 分钟

用鸡胸肉熬出上好的高汤，加入大米煮成鲜美的中式白粥。
米粒煮开花就大功告成啦。

a   b   c

什锦蘑菇饭 | 加热时间 **16** 分钟 ▶ 静置时间 **10** 分钟

将不同种类的蘑菇一起烹煮，享受自然的鲜美与清香。
可以根据个人喜好加入油炸豆腐或鸡肉，味道也很不错。

原料: 4 人份　适用直径 22 厘米的圆形锅

大米	3 合
榆黄蘑、蟹味菇、白舞茸（a）（可选择自己喜欢的蘑菇）	
	各 1 包（共 250～300 克）
日式高汤	2¾ 杯
A 淡口酱油	1½ 大勺
A 酒	1½ 大勺
A 味醂	1 大勺
A 盐	1/2 小勺
柚子皮（切丝）	适量

1 大米洗净沥干，静置 30 分钟。

2 用沾湿的厨房纸将各种蘑菇表面擦干净。榆黄蘑、白舞茸撕成条，蟹味菇分成小丛。

3 将日式高汤与 A 混合均匀，和大米一起倒入锅中，铺上各种蘑菇。半掩锅盖，开中大火煮沸。盖严锅盖再煮 1 分钟，最后转小火煮 10 分钟。

4 关火后焖 10 分钟（b），将食材拌匀、盛入盘中，撒上柚子皮丝即可。

＊也可以用青柚代替柚子，将果皮切成细丝撒在饭上。

a　　b

五目炊饭 | 加热时间 **16** 分钟 ▶ 静置时间 **10** 分钟

加入了油炸豆腐、香菇等食材，炊饭的口感更加鲜美、层次丰富。
搭配汤菜、凉拌菜、烤鱼等，变身美味大餐。

原料: 4 人份　适用直径 22 厘米的圆形锅

大米	3 合
干香菇	3 朵
油炸豆腐	1 片
牛蒡	1/2 根（70～80 克）
胡萝卜（小个儿的）	1 根
魔芋丝	1 小包（120 克）
日式高汤	2¾ 杯
A 淡口酱油	3 大勺
A 酒	3 大勺
A 味醂	1/2 大勺

1 干香菇泡发去柄，对半切开后再切成薄片。

2 大米洗净沥干，静置 30 分钟。

3 油炸豆腐用开水烫过后沥干，先对半切开，再切成细条。牛蒡切成薄片，用清水泡一下，捞出沥干。胡萝卜切成细丝。魔芋丝切成方便食用的小段，焯水挤干。

4 将日式高汤与 A 混合均匀，和大米一起倒入锅中，铺上 **1** 和 **3**。半掩锅盖，开中大火烹煮。

5 煮沸后盖严锅盖再煮 1 分钟，最后转小火煮 10 分钟。关火后焖 10 分钟（b），将炊饭拌匀，盛入碗中。

a　　b

蚕豆嫩姜炊饭 | 加热时间 **15** 分钟 ▶ 静置时间 **10** 分钟

初夏限定的一道美味。

刚出锅时味道最佳，食谱中的用量刚好能一次吃完。

原料：4 人份　适用直径 20 厘米的圆形锅

大米	2 合
蚕豆	10 根（去皮后 100 ~ 120 克）
盐	3/4 小勺
酒	1 大勺
海带（5 厘米 ×5 厘米）	1 片
嫩姜	20 ~ 30 克

1　大米洗净沥干，静置 30 分钟。

2　蚕豆剥去豆荚和豆皮，撒上盐。嫩姜切成丝。

3　酒中加入水混合成 2 杯，和大米一起倒入锅中。铺上海带、嫩姜丝，半掩锅盖，开中大火烹煮。

4　煮沸后倒入腌好的蚕豆（a），盖严锅盖煮 1 分钟，转小火再煮 10 分钟。关火后焖 10 分钟（b）。

5　取出海带，将食材拌匀，盛入碗中。

＊如果没有嫩姜，可用普通生姜代替，但要减少用量。

鲷鱼鲜笋饭 | 加热时间 **16** 分钟 ▶ 静置时间 **10** 分钟

选用春季时令食材——鲷鱼和鲜笋，

鲜香美味，让人欲罢不能。

原料：4 人份　适用直径 22 厘米的圆形锅

大米	3 合
鲷鱼（切块）	2 大块
盐	1/2 小勺
水煮鲜笋（小个儿的）	1 根（200 克）
日式高汤	2¾ 杯
A ┌ 淡口酱油、酒	各 3 大勺
生姜（切成薄片）	2 片
花椒嫩叶	适量

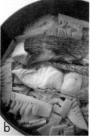

1　大米洗净沥干，静置 30 分钟。

2　鲷鱼撒上盐，腌 10 分钟后擦干表面，放入锅中，大火烧至鱼皮微焦。将鲜笋的笋尖对半切开、切成薄片，根部切成长方形薄片。

3　锅中放入大米，倒入日式高汤与 A，混合均匀。铺上鲜笋、生姜、鲷鱼（a），半掩锅盖，开中大火煮沸。盖严锅盖煮 1 分钟，转小火再煮 10 分钟，关火后焖 10 分钟。

4　打开锅盖（b），取出鲷鱼和生姜。把鲷鱼去骨去皮，鱼肉拨散放回锅中。将锅中的食材拌匀、盛入盘中，装饰上花椒嫩叶即可。

＊可将 1 张油豆皮切成丝代替鲷鱼，多加一些鲜笋也没问题。也可以用鸡肉代替鲷鱼，做成口感回甜的鸡肉鲜笋饭。

水煮鲜笋

新鲜竹笋买回来后必须马上煮熟。请准备一口大容量深锅。

原料：2 根

新鲜竹笋	2 根
A ┌ 米糠	1 杯
└ 红辣椒	2 ~ 3 个
水	适量

①将竹笋的笋尖斜切下来，笋根纵向对半切开，放入锅中。加入 A 和足量水，开火煮沸。盖上锅盖，转小火煮 1 小时 30 分钟。其间如果水不够，可再加一些。煮至用细竹签可以轻松插入笋根，即可关火。

②彻底冷却，捞出竹笋、剥去外皮，浸在水中，放入冰箱冷藏。每天换水可保存 3 天左右。

［焖煮干货］

日式甘煮香菇
做法请参考第62页

煮黑豆
做法请参考第62页

铸铁锅可以在短时间内将风干食物快速煮熟，与其他类型的锅相比具有显著的优越性。通过重复加热、静置的过程来焖熟食材，只需普通锅一半的加热时间。下面就从日本年节菜的保留菜品——日式甘煮香菇、煮黑豆、爽口海带卷开始为大家介绍一下吧。

爽口海带卷
做法请参考第63页

日式甘煮香菇 | 加热时间 **28** 分钟 ▶ 静置时间 **10** 分钟

口感咸鲜回甜，风味浓郁。

煮好后可以直接品尝，包在寿司里也很美味，可以多做一些慢慢享用。

原料：便于制作的用量

适用直径 20 厘米的圆形锅

干香菇·························· 20 小朵

日式高汤·························· 1 杯

泡发干香菇的水··············· 1/2 杯

酒、味醂、酱油··············· 各 2 大勺

糖····························· 1/2 ～ 1 大勺

1 将干香菇放入拉链式保鲜袋中，加水密封好（a），放入冰箱冷藏 1 晚，直至香菇吸水变软。

2 锅中放入去柄的香菇，加入其他原料（b），中火煮沸后仔细撇去浮沫（c），盖上锅盖，转小火煮 25 分钟。其间不时翻拌一下，使香菇充分入味。关火，焖 10 分钟即可。

原料：便于制作的用量

适用直径 22 厘米的圆形锅

黑豆（大粒）·············1 袋（250 克）

糖····························200 ～ 250 克

淡口酱油····························· 1 小勺

煮黑豆 | 加热时间约 **4** 小时 ▶ 静置时间约 **3** 小时

节日必备的经典菜肴。加入泡发黑豆的水慢慢炖煮，每一粒黑豆都乌黑发亮。

1 黑豆洗净后放入容器中，加入 3 ～ 4 倍的水，密封后放入冰箱冷藏 1 天左右，直至黑豆吸水膨胀。

2 将黑豆连同泡发用的水一起倒入锅中，中火煮沸后仔细撇去浮沫（a）。盖上锅盖，转小火煮 3 ～ 4 小时。其间不时搅拌一下，以免粘锅（b）。每隔 30 分钟～ 1 小时加入适量水、撇去浮沫，盖上锅盖小火炖煮。其间可以不时关火，利用余热焖煮。

3 煮至黑豆变软（c），加入 1/4 ～ 1/3 的糖（d）煮沸，撇去浮沫，盖上锅盖，关火静置冷却。重复这一过程，直至用完所有的糖。加入淡口酱油，彻底冷却（e）。

4 将 3 倒入容器中，密封后放入冰箱冷藏保存。保存时间超过 5 天，需要再次煮沸晾凉，以延长保存期。

＊煮裂的黑豆可以放入食品料理机，加入剩下的汤汁打碎，冷冻做成冰沙。享用时撒些柚子皮丝，味道非常不错。

原料：12 个

适用直径 24 厘米的圆形锅

日高海带（长 30 厘米）	…………	6 条
A ┌ 酒	…………………………	1/4 杯
└ 水	…………………………	1 杯
淡腌鲑鱼（切块）	…………	3 大块
葫芦干（另备少许盐）	…………	15 克
B ┌ 水	…………………………	1 杯
│ 醋	…………………………	1 大勺
│ 酒	…………………………	3 大勺
│ 淡口酱油	…………………	2 大勺
│ 味醂	…………………………	2 大勺
└ 生姜（切成薄片）	…………	3 片

爽口海带卷 | 加热时间 **28** 分钟 ▶ 静置时间 **20** 分钟

只用少量调味品即可引出海带与鲑鱼的自然鲜美，成品嫩滑爽口。
利用铸铁锅良好的导热性能，加上醋的软化作用，
海带很快就能煮软。

1 葫芦干冲洗一下，撒上盐揉搓。洗净盐分后用水泡发，切成 5 毫米宽的细丝。

2 海带冲洗一下，放入平底方盘中，倒入 A 浸泡 10 分钟(a)，其间不时翻面，待海带变软、能卷起来时捞出，泡海带的水留下备用。

3 鲑鱼去皮去骨，切成长度与海带宽度相当、宽 1 厘米的条，准备 12 条。

4 把海带对半切开，将鲑鱼条卷起(b)，两端用葫芦条绑好（c）。

5 将 **4** 放入锅中，打结的一面侧放或向下摆放，加入泡海带的水和 B（d）。中火煮沸后撇去浮沫，盖上锅盖，转小火煮 20 分钟。关火，静置至少 20 分钟，利用余热将海带卷焖至熟透。

6 捞出海带卷，切齐两端，对半切开后即可盛盘。

* 海带在煮制过程中会吸水膨胀，因此不要将鲑鱼条卷得太紧。

a　b　c
d　e

鹰嘴豆番茄烩猪肉
做法请参考第65页

墨西哥辣豆酱
做法请参考第65页

鹰嘴豆番茄烩猪肉　加热时间 **33** 分钟 ▶ 静置时间 **10** 分钟

番茄的酸甜与鹰嘴豆的绵软相得益彰。
鹰嘴豆可以用其他豆类代替，一次煮好一整袋，用剩的冷冻起来，可随时取用。

原料：6 人份　适用直径 22 厘米的圆形锅

鹰嘴豆（煮熟）	300 克
猪肩肉（切成 4 厘米见方的小块）	
	3 块
盐	1 小勺
黑胡椒碎	少许

A
┌ 洋葱（切碎） …………………… 1 颗
└ 大蒜（切碎） …………………… 1 瓣

橄榄油 …………………………… 1 大勺

B
┌ 番茄罐头 …………… 1 罐（400 克）
│ 酒 …………………………… 2 大勺
│ 高汤块 ……………………… 1/2 块
└ 月桂叶 ……………………… 1 片

C
┌ 酱油 ………………………… 1 小勺
│ 盐 ………………………… 1/4 小勺
└ 黑胡椒碎 …………………… 少许

1　猪肉撒上盐和黑胡椒碎腌一下。

2　锅中倒入橄榄油，放入 A，开火焖炒☆，放入腌好的猪肉炒香，加入 B 煮 3 分钟。加入鹰嘴豆（如图所示），盖上锅盖转小火煮 15 分钟，关火后焖 10 分钟。

3　打开锅盖，开火继续煮 5 分钟直至收汁，加入 C 调味。盛入餐盘中，根据个人喜好撒上黑胡椒碎即可。

*用黑豆代替鹰嘴豆，成品也很美味。
☆焖炒方法请参考第 55 页

墨西哥辣豆酱　加热时间 **24** 分钟 ▶ 静置时间 **10** 分钟

无论是趁热享用还是晾凉后再上桌，都很美味，很适合当作宴客小菜。
金时豆比想象中要熟得快，注意不要煮过头。

原料：6 人份　适用直径 22 厘米的圆形锅

金时豆（或菜豆，煮熟）	300 ~ 400 克
猪牛肉混合绞肉	200 克
大蒜（切碎）	1 瓣
洋葱（切碎）	1 颗
橄榄油	1 大勺
胡萝卜（磨成泥）	1/2 根
盐	2/3 小勺

A
┌ 面粉 ………………………… 1/2 大勺
└ 辣椒粉 ……………………… 1 大勺

B
┌ 番茄罐头 …………… 1 罐（400 克）
│ 水 …………………………… 3/4 杯
│ 高汤块 ……………………… 1/2 块
└ 月桂叶 ……………………… 1 片

C
┌ 盐 ………………………… 1/3 小勺
│ 咖喱粉、辣椒粉、印度综合香辛料
└ …………………………… 各适量

欧芹（切碎） …………………… 适量

1　锅中倒入橄榄油，放入大蒜和洋葱，中火焖炒☆3 分钟。依次加入胡萝卜、猪肉牛肉混合绞肉翻炒，撒上盐，炒匀后盖上锅盖焖炒。

2　加入 A 翻拌一下，再加入 B 煮沸。倒入金时豆，盖上锅盖转小火煮 15 分钟，其间不时打开锅盖翻拌一下。关火焖 10 分钟后再次开小火，加入 C 调味。盛入餐盘中，撒上欧芹即可。

☆焖炒方法请参考第 55 页

煮鹰嘴豆

鹰嘴豆冲洗干净后倒入 3 ~ 4 倍的水浸泡（a），放入冰箱冷藏 1 天左右，直至鹰嘴豆充分吸水膨胀。将鹰嘴豆和泡发用的水一起倒入锅中（b），中火煮沸后盖上锅盖，转小火煮 15 分钟。

可以一次多煮一些鹰嘴豆，用不完的放入冰箱冷冻，随时取用。注意，要将鹰嘴豆与泡发用的水一起装入保鲜袋中（c）。

a

b

c

煮金时豆

金时豆冲洗干净后倒入 3 ~ 4 倍的水浸泡，放入冰箱冷藏 6 ~ 8 小时，直至金时豆充分吸水膨胀。取出后连同泡发用的水一起倒入锅中，中火煮沸，盖上锅盖，转小火煮 20 分钟后关火，焖 10 分钟。注意不要煮过头。

油炸

铸铁锅保温效果出众，可以使油保持较高的温度，非常适合做油炸美食。在家自己动手，用优质的油炸出让人放心的美味。推荐用米糠油或菜籽油来炸制，成品酥松香脆，而且不易氧化。

咖喱炸鸡（左页）
做法请参考第68页

法式酥炸鲜虾西葫芦
做法请参考第68页

欧芹乳酪风味炸薯角
做法请参考第69页

鲜虾三叶芹天妇罗
做法请参考第69页

咖喱炸鸡

外皮酥脆，肉质鲜嫩，入口的瞬间唤醒味蕾。
美味程度丝毫不亚于专业的炸鸡店。

原料：4～5人份
适用直径24厘米的圆形锅

鸡腿·······················3～4只（1千克）
盐······························2小勺
咖喱粉··························2小勺
生姜（磨成泥）··················2小块
大蒜（磨成泥）··················1瓣
酒······························2大勺
土豆淀粉························约6大勺
煎炸油··························适量

1 将每只鸡腿切成3块。先从关节处切分成2块，再将较大的一块顺着骨头走向切成2块（a）。

2 将鸡块放入料理碗中，撒上盐，依次加入咖喱粉、姜泥、蒜泥和酒，抓揉均匀，室温下腌制20分钟（b）。

3 锅中倒入4厘米深的油，开火加热至170℃。将腌好的鸡块裹一层土豆淀粉，放入油锅炸6～10分钟，带骨部分可适当延长炸制时间。炸至酥脆即可盛盘，根据个人喜好挤上柠檬汁、酸橘汁或酸橙汁。

＊炸过的油虽然有咖喱的味道，但依然可以用来烹炒或炸制蔬菜、肉类、鱼类食材，请尽快用完。

法式酥炸鲜虾西葫芦

天妇罗粉中加入啤酒，轻松做成简化版天妇罗面糊，
裹在食材表面，炸出膨松酥脆的口感。

原料：4人份
适用直径22厘米的圆形锅

鲜虾（带壳）··········12只（240克）
土豆淀粉························1大勺
A ┌盐·····························1/4小勺
  │胡椒粉···························少许
  └酒·····························1大勺
西葫芦（切成1厘米厚的圆片）
································1个
天妇罗粉（市售）··················适量
B ┌天妇罗粉、啤酒·············各3/4杯
  │土豆淀粉·······················2大勺
  └盐·····························1/3小勺
粗盐····························适量
煎炸油··························适量

1 鲜虾去壳、留下尾壳，在虾尾部斜切一刀，挑出虾线。在处理好的虾中加1大勺土豆淀粉（a）抓匀，冲洗干净后沥干，放入料理碗中，加入A拌匀，静置10分钟。

2 擦干鲜虾，和西葫芦一起裹上天妇罗粉。

3 把B中的粉类食材放入料理碗中，倒入啤酒（b），用打蛋器搅拌成均匀的面糊（c）。

4 锅中倒入4～5厘米深的油，开火加热至180℃。将西葫芦和鲜虾裹上面糊，放入锅中。西葫芦炸约1分半钟，鲜虾炸约2分钟，其间不时翻动一下，以免粘锅。待食材炸至金黄酥脆后捞出，沥干油，盛入餐盘中，撒适量粗盐即可。

欧芹乳酪风味炸薯角 | 加热时间 **10 ~ 12** 分钟

薯角经过两次油炸，表皮香脆，内芯酥软。

撒上帕马森干酪，丰富了口味。

原料：4 人份

适用直径 22 厘米的圆形锅

土豆……………………	4 ~ 5 个（500 克）
帕马森干酪（磨成粉）…………	3 大勺
欧芹碎……………………………	1 小勺
黑胡椒碎…………………………	少许
盐……………………………………	少许
煎炸油……………………………	适量

1 土豆切成船形块，用清水泡一下，捞出沥干。

2 锅中倒入 3 厘米深的油，开火加热至 170℃，放入土豆块，炸 4 ~ 5 分钟后捞出（如图所示）。将锅中的油加热至 180℃，把土豆块倒回锅中，炸一下迅速捞出，放在厨房纸上吸去多余的油。

3 将炸好的薯角迅速倒入料理碗中，撒上盐、帕马森干酪粉、欧芹碎和黑胡椒碎，拌匀后趁热享用。

在家做天妇罗，市售天妇罗粉是明智之选

市售天妇罗粉由面粉、泡打粉、淀粉、米粉等混合而成，只需加水搅拌成面糊即可，快捷方便。炸出的食物外皮香脆，放置一段时间也不会回软。对我家这种大家庭来说，用起来方便省心。

鲜虾三叶芹天妇罗

将食材粘裹上适量面糊，是做出美味天妇罗的关键。

在此也介绍一下咸味蘸汁和天妇罗蘸汁的做法。

原料：3 ~ 4 人份

适用直径 22 厘米的圆形锅

鲜虾（带壳）…………………	250 克
土豆淀粉…………………………	1 大勺
盐……………………………………	少许
新鲜香菇…………………………	8 朵
三叶芹（切碎或切丝）…………	适量
天妇罗粉（市售）………………	2 大勺
A ⌐ 天妇罗粉、冷水…………	各 1 杯
煎炸油……………………………	适量

1 鲜虾去头去壳，挑出虾线，撒 1 大勺土豆淀粉抓匀，冲洗后沥干，切成 2 厘米长的小段，撒上盐。新鲜香菇切成 1 厘米见方的小丁，三叶芹切成 2 厘米长的小段。

2 将 **1** 倒入料理碗中，撒上天妇罗粉。

3 把 A 搅拌成均匀的面糊，倒入 **2** 中，刚好可以包裹住全部食材即可。

4 锅中倒入油加热至 180℃。用木铲盛起裹有面糊的食材，连同木铲一起放入油锅中，炸至食材表面微黄时翻面，继续炸至熟透。用筷子随意扎两下，拔出后没有粘黏物即可。捞出后放在厨房纸上，吸去多余的油。盛盘，根据个人喜好佐以咸味蘸汁或天妇罗蘸汁，趁热享用。

咸味蘸汁

将 1½ 大勺味醂、1½ 大勺酒和 180 毫升日式高汤倒入锅中煮沸，加入 1½ 小勺盐，搅拌使其溶化即可。

天妇罗蘸汁

将 1½ 大勺味醂和 180 毫升日式高汤倒入锅中煮沸，加入 3 大勺酱油再次煮沸。根据个人喜好，味醂用量最多可增加至 3 大勺。

烟熏

下面为大家介绍用绿茶做烟熏美食的方法。铸铁锅拥有绝佳的密封性，用它来熏制食物，烟气不会散出。另外，锅的内壁涂有黑珐琅，即使烟熏过也很容易洗净，可以尽情享受做烟熏美食的乐趣。

烟熏鲑鱼
做法请参考第72页

烟熏柚子胡椒鸡翅
做法请参考第72页

烟熏元贝
做法请参考第73页

烟熏鲑鱼 | 加热时间 **10** 分钟

如果能买到新鲜的鲑鱼或鳟鱼，一定要试做一下这道菜。下面用鳟鱼做示范。
将鲜鱼用盐和多种香草腌制入味后再烟熏，做出的口味非常地道。

原料：便于制作的用量
适用直径 27 厘米的椭圆形锅

鳟鱼或鲑鱼（新鲜鱼块）……… 450 克		
A	盐、糖……………… 各 1⅓ 小勺	
	莳萝……………… 2 ～ 3 枝	
B	绿茶……………… 1 大勺	
	糖……………… 2 大勺	
C	鲜奶油、原味酸奶……… 各 3 大勺	
	盐……………… 少许	
	莳萝叶（切碎）……… 需 1 枝莳萝	
酸橙……………… 1 ～ 2 个		

1 鳟鱼擦干表面，去骨后撒上 A 中的盐和糖。在平底方盘中依次铺上保鲜膜、厨房纸，将鳟鱼皮朝下放入，撒上莳萝，用保鲜膜包好（a），放入冰箱冷藏 1 ～ 2 天，腌制入味。

2 锅底铺上锡纸，注意不要留有空隙（锡纸边缘留出 2 ～ 3 厘米，折起紧贴锅壁）。用锡纸卷成 2 根直径 1 ～ 2 厘米的棒，并排放入锅中当作支架，将 B 混合均匀撒在上面（b）。

3 在 **2** 上铺一张油纸（c），将擦干的鳟鱼皮朝下放入锅中，开中火加热。

4 冒烟后盖上锅盖（d），转小火烟熏约 5 分钟，熏至鳟鱼表面变白、散发出香味时取出。

5 将鳟鱼切成方便食用的小块，盛盘，搭配混合均匀的 C 和切成块的酸橙即可。

* 用过的锡纸和油纸可以先放在不锈钢盆中，晾至不再冒烟、彻底冷却后再扔掉。

* 也可用 150 克刺身鱼块来制作，同时要将腌料 A 中盐和糖的用量各减至 1/2 小勺，莳萝用量减至 1 ～ 2 枝，腌 1 天再烟熏。

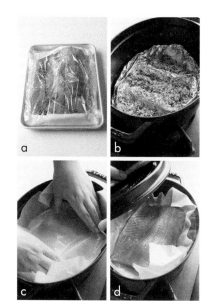

烟熏柚子胡椒鸡翅 | 加热时间 **24** 分钟

很快就能做出美味的烟熏柚子胡椒鸡翅。
烟熏时将鸡翅外侧朝下摆放，成品更加赏心悦目。

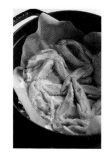

原料：2 ～ 3 人份
适用直径 24 厘米的圆形锅

鸡翅……………… 6 只（300 克）		
盐……………… 少许		
柚子胡椒……………… 1/2 小勺		
A	绿茶……………… 1 大勺	
	糖……………… 1½ 大勺	

1 在鸡翅侧面顺着骨头划几刀，两面抹上盐，腌 10 分钟后擦干，抹上柚子胡椒。

2 锅底铺上锡纸，不要留有空隙（锡纸边缘留出 2 ～ 3 厘米，折起紧贴锅壁）。用锡纸卷成 2 根直径 1 ～ 2 厘米的棒，并排放入锅中当作支架。将 A 混合均匀撒在上面。

3 在 **2** 上铺一张油纸，将鸡翅外侧朝下放入锅中（如图所示）。开中火加热，冒烟后盖上锅盖，转小火烟熏 20 分钟，直至用竹签可以轻松穿透鸡翅。

4 将鸡翅盛入餐盘中，根据个人喜好加些柚子胡椒调味。

* 用过的锡纸和油纸可以先放在不锈钢盆中，晾至不再冒烟、彻底冷却后再扔掉。

烟熏元贝 | 加热时间 7 ~ 8 分钟

只需熏熟元贝表面，
享受半熟的软嫩口感。

原料：2 ~ 3 人份

适用直径 22 厘米的圆形锅

元贝（可生吃的，大个儿的）…… 6 个

A ⎡ 盐……………………… 1/3 小勺
　 ⎣ 黑胡椒碎……………………… 少许

B ⎡ 绿茶……………………… 1 大勺
　 ⎣ 糖……………………… 1½ 大勺

香葱（切成葱花）……………………… 少许

1 元贝沥干后撒上 A，腌制 10 分钟后擦干。

2 锅底铺上锡纸，不要留有空隙（锡纸边缘留出 2 ~ 3 厘米，折起紧贴锅壁）。用锡纸卷成 2 根直径 1 ~ 2 厘米的棒，并排放入锅中当作支架。将 B 混合均匀撒在上面。

3 在 **2** 上铺一张油纸，放入腌好的元贝（如图所示）。中火加热，冒烟后盖上锅盖，转小火烟熏 3 ~ 4 分钟。

4 将元贝翻面，盛入餐盘中，撒上葱花即可。

＊用过的锡纸和油纸可以先放在不锈钢盆中，晾至不再冒烟、彻底冷却后再扔掉。

铸铁锅保养说明

• 燃气灶、电磁炉、雅乐炉……铸铁锅广泛适用于各种炉灶。从小火至中大火，调节火力时注意不要让火焰超出锅底范围。急剧的温度变化很容易使锅体受损，因此，切忌用大火烹饪，切忌用冷水冲洗热锅。

• 加热时，锅的整体包括金属手柄都会很烫，建议使用隔热手套。

• 金属工具（锅铲、勺子等）容易划伤珐琅内壁，建议使用木质或硅胶厨具。

• 比起用洗碗机清洗，手洗更佳。将中性洗涤剂加水稀释，用海绵蘸取擦洗。如果有粘黏物，倒入温水浸泡几小时，即可轻松洗净。

• 洗净后须及时用抹布擦干。要特别留意锅体边缘容易生锈的地方。擦干后把锅倒扣在干抹布上，擦干表面。

甜点

铸铁锅很适合用来做糖渍水果或果酱，还可以用它代替烤箱做美味的蒸蛋糕。想吃甜点的时候，就交给铸铁锅吧。

蒸布丁
做法请参考第76页

酒香糖渍蜜桃
做法请参考第76页

糖渍无花果
做法请参考第76页

姜味夏橙果酱
做法请参考第77页

草莓果酱
做法请参考第77页

蓝莓果酱
做法请参考第77页

加热时间 **19** 分钟

蒸布丁

加了鲜奶油的布丁液细腻柔滑，
放入锅中，很快就能蒸出甜嫩的布丁。

原料：3 个

适用直径 24 厘米的圆形锅

A	全蛋	1 个
	蛋黄	1 个
	糖	50 克
B	牛奶	1½ 杯
	鲜奶油	1/4 杯
香草精		少许
C	糖	50 克
	水	1 大勺
热水		2 大勺

1 将 A 倒入料理碗中，用打蛋器搅打均匀。

2 在小锅中倒入 B，开火加热至边缘冒出小气泡（约 60℃），倒入 **1** 中搅拌均匀，用滤网过滤后倒回小锅中，加入香草精混合均匀。倒入耐热杯中，用耐热保鲜膜封好。

3 在铸铁锅中铺上较厚的油纸，倒入 2 杯热水（另备）煮沸。将 **2** 放入锅中，盖上锅盖，中火加热 1 分钟，转小火再蒸 15 分钟。

4 将 C 倒入另一只小锅中，煮成焦糖状。加入 2 大勺热水，稀释后晾至冷却。布丁冷却后淋上焦糖浆即可享用。

＊如果要用这些食材做 4 个布丁，用小火蒸 12 分钟左右即可。

加热时间 **13** 分钟

酒香糖渍蜜桃

一般来说，做糖渍果品要选用没有熟透、质地较硬的水果。
比起新鲜桃子，用白葡萄酒炖过的桃子香气更加浓郁，
尝起来有种特殊的风味。

原料：4 人份

适用直径 22 厘米的圆形锅

桃子	2 个
水、白葡萄酒	各 1 杯
糖	120 克
薄荷	适量

1 桃子搓去绒毛、洗净，从果蒂凹陷处入刀切一圈，直至桃核处。双手握住切缝两侧，轻轻转动（a）掰成两半，用勺子挖出桃核。

2 小锅中倒入水（另备）煮沸，放入桃子焯一下快速捞出，立刻放入冰水中，剥去表皮。

3 将白葡萄酒倒入铸铁锅中，中火煮沸，加入水和糖，搅拌至糖溶化。放入桃子（b）再次煮沸，盖上锅盖，转小火煮 10 分钟。

4 将 **3** 晾至冷却，盛入容器中密封好，放入冰箱冷藏。享用时加些薄荷，感觉更清爽。

＊吃剩的糖浆可做成果冻享用。

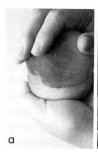

加热时间 **11 ～ 13** 分钟

日式糖渍无花果

口感清甜的日式糖渍无花果，
很适合作为饭后甜点。

原料：便于制作的用量

适用直径 24 厘米的圆形锅

无花果（大个儿的）	8 颗（中等大小的需 10 ～ 12 颗）
水	2 杯
糖	120 克
柠檬汁	1 大勺

1 无花果去蒂去皮。

2 锅底铺上剪成圆形的油纸，倒入水，开火煮沸。加入糖搅拌至溶化，放入无花果（如图所示）。再次煮沸后盖上锅盖，用小火煮 6 ～ 8 分钟。其间如果糖浆快要溢出，请调至最小火。

3 加入柠檬汁，关火晾至冷却。盛入容器中密封好，放入冰箱冷藏半天即可。

＊冷藏 1 ～ 3 天享用风味最佳。将糖浆加入汽水中也非常好喝。

加热时间 **33** 分钟

姜味夏橙果酱

生姜的辛辣与夏橙的微苦相互调和，意外地美味。
可以抹在面包上，搭配煎猪排等菜品也很棒。

原料：便于制作的用量

适用直径 22 厘米的圆形锅

夏橙（有机）… 2 个（去皮后 500 克）

糖………… 250 克（夏橙用量的 50%）

生姜（切成丝）…………… 1～2 小块

1 夏橙洗净，用削皮器削去皮上有破损的部分。去蒂，切成 8 等份，果皮剥下备用。除去薄膜、白色筋丝和籽，将果肉掰成小块。

2 把果皮切成细丝，放入小锅中，倒入足量水，开火煮沸后转小火煮 3 分钟。捞出后沥干，泡在冰水中（如图所示）。

3 根据个人对苦味的接受程度，将果皮丝浸泡几小时到半天，其间注意勤换水。捞出后彻底沥干。

4 将果肉和糖放入铸铁锅中，腌 1 小时。加入生姜丝和夏橙皮，中火煮沸。调至中小火，一边煮一边撇去浮沫、不时搅拌一下以免粘锅，大约煮 25 分钟即可。

加热时间 **33** 分钟

草莓果酱

小颗草莓可以整颗直接煮，稍稍捣碎后煮出的果酱更便于涂抹在面包上，看起来也更诱人。

原料：便于制作的用量

适用直径 22 厘米的圆形锅

草莓（小颗）…………2 盒（500 克）

糖………… 250 克（草莓用量的 50%）

1 草莓洗净、去蒂，沥干，放入锅中，撒上糖腌 1 小时。

2 腌制入味后开中火煮沸。盖上锅盖，转中小火煮 5 分钟。打开锅盖，一边煮一边撇去浮沫（如图所示），用木铲轻轻压碎草莓，不时搅拌一下以免粘锅。大约煮 25 分钟即可。

加热时间 **17～22** 分钟

蓝莓果酱

蓝莓水分较多、果胶含量相对较少，做果酱时可多加些糖。

原料：便于制作的用量

适用直径 22 厘米的圆形锅

蓝莓…………………………3 盒（300 克）

糖………… 180 克（蓝莓用量的 60%）

1 蓝莓洗净、沥干，放入锅中，撒上糖腌 1 小时。

2 开中火煮沸，随后调至中小火，一边煮一边撇去浮沫，不时搅拌一下以免粘锅。煮 15～20 分钟即可。

胡萝卜蒸蛋糕 | 加热时间 **22 ~ 27** 分钟

试试用铸铁锅代替烤箱做蒸蛋糕吧！
蛋糕中加入了胡萝卜和开心果，颜色很漂亮。
营养丰富，作为餐后甜点非常健康。

原料：适用直径 20 厘米的活底圆形模具
适用直径 24 厘米的圆形锅

胡萝卜（用擦丝器擦成细丝）…	80 克
开心果（去壳去薄皮，简单切碎）	
……………………………………	30 颗
黄油…………………………………	50 克
黑糖（粉状）……………………	70 克
鸡蛋…………………………………	2 个
牛奶…………………………………	3 大勺
A ┌ 低筋面粉……………………	140 克
│ 泡打粉………………………	2/3 小勺
└ 肉桂粉………………………	1/4 小勺

a   b

1 把黄油放入料理碗中，静置回温。变软后用打蛋器充分打发，加入筛过的黑糖，继续打发至颜色发白。

2 将打匀的蛋液分几次倒入 **1** 中，每次倒入后都要充分搅拌至融为一体。加入牛奶，搅拌成均匀的糊状。

3 把 A 筛入 **2** 中，用刮刀翻拌成均匀的蛋糕糊。加入胡萝卜丝，拌匀。将做好的蛋糕糊倒入模具中，用刮刀将中央的蛋糕糊刮向四周，使中央稍稍凹陷。撒上切碎的开心果。

4 铸铁锅加盖，中火加热 2 分钟，充分预热整个锅体。放入 **3**（b），加盖，用小火蒸烤 20 ~ 25 分钟，直至蛋糕熟透。

图书在版编目(CIP)数据

用铸铁锅做好吃的料理 /（日）今泉久美著 ；阳希
译. —— 海口 ：南海出版公司，2018.2
ISBN 978-7-5442-5801-2

Ⅰ. ①用… Ⅱ. ①今… ②阳… Ⅲ. ①食谱 Ⅳ.
①TS972.12

中国版本图书馆CIP数据核字(2017)第213863号

著作权合同登记号　图字：30-2017-045
"STAUBE" de Itsumono Ryouri wo Motto Oishiku!
© Kumi Imaizumi 2010
Originally published in Japan in 2010 by EDUCATIONAL FOUDATION BUNKA GAKUEN
BUNKA PUBLISHING BUREAU
Chinese (Simplified Character only) translation rights arranged with BUNKA
PUBLISHING BUREAU through TOHAN CORPORATION, TOKYO.
All rights reserved

用铸铁锅做好吃的料理
〔日〕今泉久美 著

阳希 译

出　　版　南海出版公司　　(0898)66568511
　　　　　海口市海秀中路51号星华大厦五楼　　邮编 570206
发　　行　新经典发行有限公司
　　　　　电话(010)68423599　　邮箱 editor@readinglife.com
经　　销　新华书店

责任编辑　秦　薇
特邀编辑　郭　婷
装帧设计　朱　琳
内文制作　博远文化

印　　刷　北京中科印刷有限公司
开　　本　787毫米×1092毫米　1/16
印　　张　5
字　　数　60千
版　　次　2018年2月第1版
　　　　　2018年2月第1次印刷
书　　号　ISBN 978-7-5442-5801-2
定　　价　39.80元